Un Conjunto Ceremonial Subterráneo en Teotihuacan

Natalia Moragas Segura

BAR International Series 2767

2015

First Published in 2015 by
British Archaeological Reports Ltd
United Kingdom

BAR International Series 2767

Un Conjunto Ceremonial Subterráneo en Teotihuacan

© Natalia Moragas Segura 2015

The Author's moral rights under the 1988 UK Copyright, Designs and Patents Act,
are hereby expressly asserted

All rights reserved. No part of this work may be copied, reproduced, stored, sold,
distributed, scanned, saved in any form of digital format or transmitted in any form
digitally, without the written permission of the Publisher.

ISBN: 978 1 4073 1428 0

Cover Image:

El área de excavación durante el proceso de re diseño de los accesos
(foto de la autora).

Printed in England.

All BAR titles are available from:

British Archaeological Reports Ltd
Oxford
United Kingdom
Phone +44 (0)1865 310431
Fax +44 (0)1865 316916
Email: info@barpublishing.com
www.barpublishing.com

En recuerdo de Marcela Morales Vargas, una niña hermosa que nos alegraba el día a día "supervisando" los trabajos de excavación con sus visitas. Tuve la oportunidad años después, de ver como esa niña se convertía en una prometedora joven que anunciaba la magnífica mujer que sería. Cada uno de estos capítulos lleva recuerdos muy felices.

Gracias por tu vida y seguiremos sonriendo hasta el final.

Prefacio

En el mes de febrero de 1993, como parte del equipo de salvamento de la Zona Arqueológica de Teotihuacan, me encargaron la excavación de un área al exterior de la puerta de acceso nº5 de la zona arqueológica, la más cercana a la Pirámide del Sol. El motivo de la intervención venía determinado por las obras de remodelación de dicha área. La arqueología tiene su parte impredecible y lo que se supuso que sería una intervención breve terminó convirtiéndose en un proyecto de investigación que se mantuvo durante 7 meses de trabajo de campo. En 1995, se presentó como tesis de licenciatura en la Universitat de Barcelona, siendo mi primer trabajo formal de investigación sobre Teotihuacan pero que nunca se publicó quedando en los estantes de la biblioteca. Posteriormente realicé un par de artículos sobre el tema en la revista del Boletín Americanista de la Sección de Historia de América y África de la Universitat de Barcelona y a partir de entonces durmió el sueño de los justos.

La verdad es que no tenía previsto retomar el texto de mi tesis de licenciatura pero varias cuestiones me he planteado volver a sacar de las cajas, informes, fotos y notas y volver sobre ello. Uno de los motivos es que esos dos artículos siguen siendo consultados y descargados de manera continuada desde Academia.edu o la base Dialnet por citar algunas y me hace replantearme sobre si mis propuestas siguen siendo válidas. Por otro lado, los artículos no explicitan la información con el detalle que se presenta en mi tesis de licenciatura, de difícil acceso, para todos aquellos que no vivan en Catalunya ya que no se encuentra digitalizada ni en acceso abierto permaneciendo inédita.

Cabe mencionar que parte de esta publicación mantiene la estructura básica de la tesis de licenciatura que a su vez tuvo como origen la propia excavación del salvamento arqueológico. Es por ello que parte del núcleo de este texto tiene como base los propios informes de campo realizados en su momento y terminaron siendo parte esencial de la tesis de licenciatura. Durante las excavaciones realizadas en 1993 se consideró que cada una de las cuevas funcionaba como unidades en sí mismas y de alguna manera, la nomenclatura de cueva I, II y III han mantenido esa idea. Hay que reconocer que se hubieran podido nombrar de una manera más literaria pero lo que pasó por ser parte del desarrollo de los trabajos se convirtió en su nomenclatura definitiva a lo largo de este tiempo. Recordemos brevemente que la Cueva I es la conocida como Cueva astronómica excavada en el proyecto 80-82, mientras que las Cuevas II y III fueron denominadas así por descubrirse de manera consecutiva. No obstante a medida que se desarrollaron las excavaciones se observó que tanto la Cueva II como la III forman parte de una misma cavidad subterránea que tiene dos orificios de acceso y/o de luz externa. Sin embargo, es un fenómeno social más complejo ya que en vez de ser vistas desde su propia individualidad funcionaron como un único conjunto durante la época clásica y de manera individual a partir del postclásico. Es por ello que en este trabajo intento integrar el escenario no como tres cuevas separadas sino como un conjunto subterráneo de acceso muy restringido que permanece en uso durante el período clásico y después de un abandono, reocupado parcialmente para el periodo postclásico.

Han pasado veinte años de dicha excavación y en ese tiempo se ha cambiado la manera en la que se conceptúa la sociedad teotihuacana. En los años noventa el modelo de la sociedad teotihuacana hacía énfasis en un modelo estatal muy centralista y con una visión muy vertical en las relaciones sociales dentro de la ciudad. Asimismo, la percepción del territorio teotihuacano se observaba como homogéneo y bajo el control estricto de una oligarquía sacerdotal. Las excavaciones realizadas a fines del siglo XX y a principios de XXI han cambiado este debate incorporando uno de los grandes temas de la arqueología teotihuacana como es el modelo de gobierno de la ciudad con base a dos propuestas: un modelo dinástico versus un modelo de gobierno compartido. Otros elementos para la discusión se han ido incorporando como son la multietnicidad, las relaciones entre elites dentro y fuera de la ciudad, el poder no hegemónico y otras más. Estas ideas no se incorporaron en la tesis de licenciatura y son necesarias añadirlas ahora para contextualizar el uso y la función de este conjunto como parte de los discurso legitimadores del poder teotihuacano y sus élites gobernantes.

A título personal en estos últimos años me ha interesado los indicadores arqueológicos de las sociedades en transición; es decir, esas sociedades que se encuentran en un momento de cambio histórico de "un lado para el otro" y como se refleja este cambio en el registro arqueológico. Para Teotihuacan el momento paradigmático es el del colapso de dicha cultura interpretado como el final del periodo clásico en el Altiplano central. Sin embargo, hay otra perspectiva sobre el mismo tema que se acerca más a un acercamiento al proceso de cambio cultural de la población del valle de Teotihuacan durante la transición clásico-epiclásico. En los años 90, el modelo explicativo de la cultura teotihuacana era muy secuencial y bajo esas premisas se interpretaron los datos. Años después, inmersa en mi tesis doctoral, he cambiado algunas de las ideas acerca de cómo conceptuaba la sociedad teotihuacana y el final de la misma. Asimismo empecé a considerar aspectos tales como la convivencia de dos grupos étnicos distintos en un mismo proceso histórico y la visibilidad de dicho registro. El fenómeno de la reocupación parcial del conjunto ceremonial subterráneo para las fases post teotihuacanas resulta ser parte de un proceso general a toda la ciudad y forma parte también de una reocupación pero también reinvención de sus espacios con usos y funciones distintos.

También en estos años han salido nuevas publicaciones que no pudieron ser consideradas en mi tesina y tesis doctoral ya que fueron trabajos publicados posteriormente a mis propias investigaciones. Finalmente añadir que si bien el corpus de datos es el mismo, el conocimiento es interpretación de los periodos es distinto. Es por todo ello que he considerado interesante re evaluar aquel trabajo inicial… veinte años después.

Índice

Prefacio	v
Índice	vii
1 Introducción	1
1.1 El Proyecto Especial Teotihuacan 1992-1994	1
1.2 La metrópolis de Teotihuacan	1
1.2.1 El origen de Teotihuacan	2
1.2.2 Ciudad cosmogónica, ciudad comercial	3
1.2.3 Un momento clave: Un cambio de rumbo en Miccaotli-Tlamimilolpa temprano	6
Teotihuacan: ciudad de dioses, ciudad de hombres	8
1.2.4 Hacia la construcción de una metrópolis multiétnica	10
1.2.5 El fin de un proyecto urbano: el colapso de Teotihuacan	12
2 Estudios Previos Sobre Cuevas en Teotihuacan	15
2.1 Introducción	15
2.2 Las primeras descripciones de las cuevas en Teotihuacan	15
2.3. Los años sesenta y el desarrollo de los macroproyectos en el Valle de Teotihuacan: La Cueva de Huexoctoc	16
2.4 La Cueva de la Pirámide del Sol	18
2.5 El Proyecto Teotihuacan 80-82: La Cueva Astronómica	20
2.6 Estudio de Túneles y Cuevas en Teotihuacan. IIA-IG-UNAM	21
3 Excavación del Conjunto Ceremonial Subterráneo	25
3.1 Antecedentes del área: la excavación de la Cueva astronómica	25
3.2 La excavación de las dos cuevas durante el Proyecto Especial Teotihuacan 92-94	26
3.3 La Excavación de la Cueva II	28
3.3.1 La excavación de la zona norte	29
3.3.2 El Área Central	31
Observaciones Astronómicas en ambas cuevas	33
La cueva II. ¿Arqueoastronómica o no?	33
3.3.3 El Área Sur	35
3.3.4 Comentarios generales del análisis de la cerámica en la Cueva II	36
3.3.5 Análisis de los materiales botánicos de la ofrenda cerámica de la Cueva II	36
4 La Excavación de la Cueva III	39
Descripción estratigráfica	40
Interior de la Cueva	40
Capa V	40
4.1 Los Entierros localizados en la Cueva III	41
4.1.1 Descripción de los entierros de la Cueva III	43
Entierro I, cuadro S1E1, capa VI. Entierro colectivo compuesto por un mínimo de 4 individuos identificados	43
Entierro II, cuadro S1E2, capa VI. Entierro individual	44
Entierro III, cuadro S2-W1, capa VI. Entierro individual	44
Entierro IV, cuadro S1W2, capa VI. Entierro individual	44
Entierro V, cuadro N2W3, capa VI. Entierro individual	45
Entierro VI, cuadro S1W2, capa VI. Entierro individual	45
Entierro VII, cuadro S1W2, capa VI. Entierro individual	45
Entierro VIII, cuadro S3W1, capa VI. Entierro individual	45
Entierro IX, cuadro N2E5-N2E4-N3E4, capa VI. Entierro colectivo	45

4.2 Algunas consideraciones generales sobre la cerámica de la Cueva III	45
Material Mazapa	47
Azteca temprano	48
5 Las Cuevas Ceremoniales en Teotihuacan	49
Usos arquitectónicos de las Cuevas:	52
Canteras	52
Habitacionales	52
Almacenes	52
Lugar de extracción de barros	52
Basureros	52
Entierros	52
Observ. Astronómicos	52
5.1 Las cuevas como espacios políticos y simbólicos	52
5.2 Las cuevas y la cuestión del poder	54
5.3 Las cuevas como espacios simbólicos	55
5.4 Las cuevas y el culto a las piedras	56
Usos simbólicos de las Cuevas	57
Chicomoztoc	57
Lugar de Creación	57
Fertilidad	57
Mitlan/Tlalocan	57
Ceremonias de consagración/Oráculos/Ritos de paso	57
Peregrinación	57
6 Interpretando el Conjunto Ceremonial Subterráneo a lo Largo de su Historia	59
6.1 Las Cuevas en Teotihuacan en el Horizonte Postclásico	62
7 Conclusiones	67
Bibliografía	69

Capítulo 1

Introducción

1.1 El Proyecto Especial Teotihuacan 1992-1994

El año del quinto centenario del Descubrimiento de América resultó provechoso para la arqueología mexicana ya que, desde bajo el mandato del Presidente Carlos Salinas de Gortari, se implementaron los Proyectos Especiales de Arqueología 92-94 con la finalidad de realizar investigaciones en diversas áreas del país[1]. La dirección del Proyecto Especial Teotihuacan 1992-1994 recayó en Eduardo Matos Moctezuma, con una gran experiencia en la investigación y gestión de grandes zonas arqueológicas del país[2]. Pronto se reveló la gran magnitud del proyecto que involucraba la gestión y el mantenimiento de la zona arqueológica así como incentivar las estructuras de investigación en la misma. Los objetivos del proyecto se tuvieron que adaptar a las propias dinámicas de las excavaciones realizadas, como fue en el caso de la Ventilla, iniciada como un salvamento arqueológico y convertida después en un proyecto de investigación que aún hoy en día perdura[3].

Durante el Proyecto Especial Teotihuacan 1992-94 se construyó el nuevo Museo de sitio, se adecuó la zona arqueológica con nuevas infraestructuras y se realizó un gran proyecto en torno a la Pirámide del Sol. Hay que destacar la remodelación de la antigua Casa Gamio como sede del Centro de Estudios Teotihuacanos y de la creación del primer programa internacional de becarios para la investigación en Teotihuacan. Dentro de un programa de seminarios formativos a cargo de destacados especialistas, los becarios se encargaron de las excavaciones de un conjunto de tres templos denominado Grupo 5 ´ al oeste de la Pirámide de la Luna, bajo la supervisión de Eduardo Matos[4]. Durante esos años, el Centro de Estudios Teotihuacanos se convirtió en un espacio de investigación y difusión de la cultura teotihuacana con el desarrollo de conferencias y congresos; así como en la remodelación de la biblioteca, cartoteca y fototeca. Otro de los proyectos destacables fue la construcción de un nuevo Museo de sitio, al lado de la Pirámide del Sol, dedicado a la pintura mural.

El desarrollo del Proyecto Especial 92-94 no estuvo exento de conflictos derivados de los diversos intentos de la administración de reorganizar las dinámicas de venta ambulante. Fue el caso del proyecto de adecuación de la Puerta nº 5 en el que se descubrió el conjunto ceremonial subterráneo y sujeto principal de esta publicación. Asimismo algunos proyectos no pudieron desarrollarse ya que crearon polémicas sobre el papel de la inversión privada en los proyectos vinculados a la venta de artesanías y otros servicios al turista en la Ventilla o de la Plaza Corso. En el caso de estos dos proyectos, el primero se convirtió, años después, en parte de la zona arqueológica como área de investigación y el segundo se remodeló a fondo transformándose en un nuevo proyecto de rediseño del edificio inicialmente dedicado a la venta de artesanías, a un nuevo museo sobre la pintura mural.

Resulta difícil valorar de manera genérica los resultados del Proyecto Especial 92-94. A título personal me ofreció una oportunidad impagable e imborrable y me abrió un camino inesperado hacia la posibilidad de desarrollar una carrera académica. En general, tal vez faltó una publicación sistemática del proyecto en una única publicación pero se pueden seguir sus avances y propuestas a través de los resultados transmitidos por los investigadores en foros académicos y en sus tesis y artículos.

1.2 La metrópolis de Teotihuacan

Teotihuacan, ciudad sagrada, ciudad política y comercial del Clásico en Mesoamérica. Creo que ningún colega mesoamericanista no puede negar que, a pesar de que el período Clásico no se define exclusivamente por Teotihuacan, sí que marca gran parte del desarrollo político y cultural del centro de México. Tampoco podrá obviar que influya grandemente en gran parte de las culturas contemporáneas a su historia. En este capítulo trataremos de dar una visión muy general de la cultura teotihuacana sin más ambición que contextualizar los aspectos básicos que puedan ser significativos para el estudio del conjunto ceremonial subterráneo.

En un escenario global se puede decir que el preclásico tardío en el Valle de México se caracteriza por la presencia de una arquitectura monumental, un aumento

---

[1] Los proyectos especiales de arqueología 92-94 se ejecutaron al final del mandato de Salinas de Gortari que comprendían los yacimientos de: 14 zonas arqueológicas –cuevas de la Sierra de San Francisco (B. C. Sur); Filobobos (Ver.); Xochitécatl (Tlax.); Cantona (Pue.); Calakmul (límites de Camp. Y Q. R.); Monte Albán (Oax.); Teotihuacan (Edo. de Méx.); Chichén Itzá y Dzibilchaltún (Yuc.); Toniná (Chis.); Paquimé (Chih.); Xochicalco (Mor.); Dzibanché, Kinichná y Kohunlich (Q. R.).
[2] Eduardo Matos Moctezuma ha desarrollado y dirigido proyectos de investigación y gestión de sitios arqueológicos de gran tamaño como Tula en el Estado de Hidalgo o el propio proyecto de arqueología del Templo Mayor en Ciudad de México. Contaba experiencia en Teotihuacan ya que fue uno de los investigadores del proyecto realizado en los años sesenta bajo la dirección de Ignacio Bernal.
[3] Este proyecto se inició como un salvamento dirigido por el Mtro. Rubén Cabrera y pronto reveló su complejidad convirtiéndose en un proyecto de investigación consolidado que ha permitido dar continuidad hasta hoy en día en el estudio de lo que podrá ser en algún día un único barrio teotihuacano casi completo.
[4] Los becarios se compusieron por la Dra Annick Daneels (Bélgica), Davide Domenici (Italia), Kim Goldsmith (USA), Liwy Grazioso (Guatemala), Valerie Layet (Francia), Natalia Moragas (España), Juan Carlos Nobile (Argentina), Clara Paz (México), Verónica Rodríguez (México).

de la población y una jerarquización de los asentamientos (Sanders y otros, 1979: 97-98). En este contexto, el centro rector de Cuicuilco concentraba gran parte de los recursos y de la población en el valle de México pero no hay que olvidar que a final de este periodo Teotihuacan surge con fuerza. Es por ello que no debemos de considerar estos periodos tempranos como oasis aislados sino que, de acuerdo con Noel Morelos, el urbanismo en el Altiplano Central se debe a la intensificación de la cooperación y la competencia social. Manifestándose particularmente en la división del trabajo y la creación de espacios sagrados que crearon oportunidades simultáneas para la cooperación y competencia entre individuos (Morelos, 2002). Es por ello que la interdependencia y vinculación entre los centros del Altiplano abarcaba no tal solo los grandes centros sino también a centros considerados como menores[5].

Una de las características que se tiene que tener en cuenta en el momento de afrontar el estudio de Teotihuacan, es que siempre ha existido continuidad en la ocupación humana del valle desde la segunda mitad del primer milenio antes de Cristo hasta la actualidad[6]. Desde sus inicios, el valle se conceptualizó como un espacio sagrado que se fue transformando de acuerdo a las diferentes sociedades que fueron ocupando dicho lugar desde las fases pre teotihuacanas hasta hoy en día. Ello ha llevado a una visión secuencial y en alguna manera simplista del desarrollo social teotihuacano. En un principio por cuestiones metodológicas ya que gran parte de la información que nutre la historia teotihuacana se basa en las excavaciones arqueológicas, dada la falta de textos epigráficos. Durante el siglo pasado, gran parte de los trabajos incidieron en estudiar los aspectos arquitectónicos y urbanísticos de la ciudad y en la tipología de sus materiales arqueológicos principalmente de la cerámica[7]. Además, los teotihuacanos tuvieron como parte importante de su cultura no representar a los individuos sino personificar la función y su status más que su individualidad. Representar conceptos e ideas más que nombres y familias específicas. La falta de una escritura clara nos hace ignorar aspectos de la historia política, económica e incluso toponímica de esta cultura lo que supone una grave carencia interpretativa para arqueólogos e historiadores. Al mismo tiempo que se identifican estos indicadores arqueológicos cabe añadir que, los modelos teóricos más usados en el siglo XX, de alguna manera mantuvieron esta imagen de lo social creando una idea de una cultura teotihuacana muy homogénea en la representación del poder y de una visión en la que la dinámica social viene marcada por las relaciones entre las élites y las no elites.

Todo ello ha hecho que, tradicionalmente se haya visto el origen y auge de Teotihuacan como un proceso continuado y creciente desde el inicio hasta su final. Este modelo se ha ido matizando para las fases finales de Teotihuacan (Moragas, 2003) pero ha marcado durante un buen tiempo la manera de conceptualizar la historia de la ciudad. Personalmente me resulta extraño que a lo largo de 600 años, Teotihuacan no tuviera que lidiar con crisis internas y externas que hicieran que las elites teotihuacanas tuvieran que tomar decisiones que afectaron a la población y a su devenir. Es por ello que considero que deberíamos empezar a plantearnos a conceptualizar la idea de crisis dentro de la sociedad teotihuacana, pero con matices según el tiempo y el contexto histórico, tanto a nivel local como regional. Bajo esta hipótesis deberíamos pensar en tres crisis resueltas de distintas maneras y en contextos sociopolíticos distintos. A riesgo de ofrecer una imagen algo diferente y en el propósito de este trabajo de reactualización de mi tesis de licenciatura quisiera proponer tres momentos claves

La primera crisis que se desarrolla en el preclásico terminal y que se resolverá con la creación de Teotihuacan. La segunda, que trataremos posteriormente con mayor detalle, es la que se da a principios o finales del siglo IV d.C. que supondrá una reorganización política y social de las elites teotihuacanas en un contexto sociopolítico mucho más complejo. Finalmente el colapso, la gran crisis de la segunda mitad del siglo VI d.C. y el fin de la ciudad y de la cultura clásica teotihuacana.

1.2.1 El origen de Teotihuacan

El origen de Teotihuacan sigue siendo uno de los principales retos en la comprensión del fenómeno cultural que va a ser la metrópolis y el tipo de sociedad que se va a generar. Durante muchos años se ha valorado la relación existente entre Cuicuilco y Teotihuacan como la clave de este proceso y en la que se han evaluado varios escenarios. Uno de ellos, el más conocido, es que la erupción del Xitle fue la causa del abandono de Cuicuilco y la creación de Teotihuacan[8]. Dicha explicación ofrecía un escenario fácil de entender para una dinámica poblacional secuencial. No obstante, estudios posteriores acerca de la erupción del Xitle y de la propia Cuicuilco mostraron que no se podía afirmar con

---

[5] Es el caso del sitio de la Laguna, un centro rural que se ha de adaptar a los cambios que suceden en las relaciones con el Valle de México y Valle Poblano-Tlaxcalteca (Carballo, Barba, Ortíz, Blancas, Toledo y Cingolani, 2011).

[6] Sabemos relativamente poco de las fases pre-teotihuacanas en el valle debido a dos factores principales: uno que se refiere a la propia trayectoria de las investigaciones marcadas por la fase Clásica y en segundo lugar porque la alta densidad de población y las continuas reestructuraciones arquitectónicas hechas por los teotihuacanos ha alterado las fases más tempranas.

[7] No quiero hacer aquí una crítica de los trabajos anteriores ni que sea una apología a las carencias que tenemos sobre la arqueología de Teotihuacan sino también una contextualización de porqué hemos construido lo que sabemos de esta cultura, haciendo un poco de historiografía de los investigadores y de sus proyectos. Aspectos aparentemente coyunturales como el origen y finalidad de los fondos, la temporalidad de los proyectos o incluso la organización interna de los trabajos e investigaciones marcan indefectiblemente la dinámica del conocimiento y las disparidades en el mismo. Ello nos sirve para entender también porque se han llegado a determinadas interpretaciones o no.

[8] Ya desde los años sesenta, algunas voces no consideraban del todo plausible esta propuesta ya que estudios geoarqueológicos realizados sugieren que existieron dos erupciones: la primera que supuso una reducción importante de la población (300-100 a.C.) y una segunda (100-300 d.C.) que arrasó la zona (Sanders y otros, 1979: 106-107). Jorge Angulo propuso que había dos fases de abandono, una correspondiente al sector de las elites que sería reocupada como zona de cultivo (Angulo, 1997: 147).

exactitud que el surgimiento de una, (Teotihuacan), fuera consecuencia del final de otra, (Cuicuilco). Otros autores consideraron que la contemporaneidad parcial de ambas ciudades, que se resolvió con el triunfo teotihuacano, se debió a un progresivo conflicto por el territorio[9] (Sanders y otros, 1979: 103). Para este investigador, el crecimiento de Teotihuacan se vincularía a movimientos forzados de la población a agruparse en centros mayores y por lo tanto siendo necesario, para el sostenimiento de la misma, el desarrollo de una agricultura de irrigación y un sistema tributario[10] (Brumfield, 1976; Sanders y otros, 1979: 103).

Sin embargo si ampliamos el escenario podemos considerar otros factores añadidos a este modelo Cuicuilco-Teotihuacan incorporando los datos procedentes del área poblana –tlaxcalteca. A pesar de que García Cook ya había presentado evidencias de talud tablero en Tlalancaleca, las excavaciones de Patricia Plunket y Gabriela Uruñuela confirmaron la presencia de conjuntos arquitectónicos que anteceden elementos característicos de la cultura teotihuacana[11] (García Cook, 1973, 1976).

En estos últimos años se ha ido investigando sobre el territorio poblano-tlaxcalteca, estableciendo dinámicas regionales que, al conjuntarse con las del Valle de México, ofrecen un panorama más esclarecedor de las dinámicas poblacionales a finales del Preclásico final/terminal. Según los trabajos de Carballo y Pluckhahn, las circunstancias demográficas y sociales de esta zona terminaron por influir en Cuicuilco ya que por un lado tuvo que asumir sus propios cambios derivados de las consecuencias de la erupción del Xitle y por otro lado, las rupturas de las rutas comerciales entre Puebla-Tlaxcala y el sur del Valle de México (Carballo, 2009; Carballo y Pluckhahn, 2007). Dicho de otra manera, Teotihuacan empezó a concentrar población no tan sólo por el final de la comunidad cuicuilca sino por ofrecer progresivamente un mejor espacio para el asentamiento por lo que progresivamente, el cambio en la balanza del poder económico se trasladó, definitivamente, a Teotihuacan. No sabemos si éste fue uno de los factores que contribuyeron a la creación de una cosmovisión particular en Teotihuacan pero en todo caso, es un tema a tener en cuenta.

En todo caso, como sucederá posteriormente para el estudio del final de la cultura teotihuacana, las posiciones monocausales y secuenciales parecen ser cada vez más dudosas y limitadas; enfocándonos ahora en modelos de dinámicas culturales complejas. Una de las problemáticas clave va a ser los indicadores arqueológicos para comprender el origen de Teotihuacan ya que contamos con unas circunstancias culturales muy específicas. La principal de ellas, es la falta de datos arqueológicos para fases tempranas debido a que los teotihuacanos harán de la arquitectura uno de sus principales elementos de representación de su cultura material con base a reconstrucciones constantes de sus edificios lo que afectó, sin duda alguna, al registro arqueológico de etapas tempranas. Además de una construcción historiográfica de lo teotihuacano en que se han primado los modelos homogéneos para interpretar la sociedad y la cultura de la ciudad.

1.2.2 Ciudad cosmogónica, ciudad comercial

A pesar de que aún tenemos muchas cuestiones por conocer para poder delinear la historia preclásica del valle de México; lo cierto es que en el cambio de era, el valle de Teotihuacan está en plena ebullición demográfica y cultural. En este valle, las alturas oscilan entre los 2400 y los 3100 m. s. n. m. con un clima caracterizado por un régimen de lluvias que se sucede desde finales de mayo hasta finales de octubre, mientras que el periodo de frío más intenso se da en los meses de enero y febrero (Mc Clung de Tapia y De Tapia, 1996; Mooser, 1968).

Será en la parte noroeste del Valle de Teotihuacan, situado entre los paralelos 19° 36′ y 19° 45′ de latitud norte y entre los 98° 40′ y 98° 58′ longitud oeste, en dónde se generarán las sinergias culturales necesarias para que sea en este lugar dónde se asentaran grupos de origen cultural diverso. A pesar que en un principio pareciera que el noroeste del valle no es el mejor lugar para el asentamiento, la realidad de los datos nos muestra que Teotihuacan se encuentra en un área estratégica tanto para las poblaciones del sur del Valle de México como las del área poblano-tlaxcalteca. Otro factor determinante puede ser la relativa estabilidad sísmica y volcánica de esta área respecto a las anteriores lo que hizo que las poblaciones desplazadas por estas causa, encontraran en el noroeste del Valle de México, un escenario geológicamente mucho más estable.

Aunque las fases pre teotihuacanas del valle están aún hoy en día poco estudiadas, aparentemente, podemos dibujar un escenario compuesto por asentamientos estables compuestos por poblaciones agrícolas[12] políticamente marginales a los sucesos y dinámicas culturales del sur de la Cuenca. Es por ello que en principio, podríamos considerar que el valle estaría poco poblado y que la llegada y asentamiento de nuevas poblaciones no parece

---

[9] Sanders manejó la hipótesis que en la fase Tezoyuca, la situación de la Cuenca de México estaría caracterizada por una inestabilidad política y un asentamiento situado en puntos estratégicos de control del territorio.

[10] No está nada claro que hubiera un sistema tributario de la misma manera que conocemos para el mundo mexica. Ello supondría al menos la existencia de una administración centralizada y una política expansiva territorial.

[11] Durante gran parte del siglo XX se consideraba que Teotihuacan "inventaba" muchos de los elementos que luego se encontraban en otras culturas. Según este modelo, el talud tablero, los vasos trípodes, el urbanismo tripartito... fueron creados por los sacerdotes gobernantes. Sin embargo, progresivamente se ha ido reconociéndose que muchos de estos atributos supuestamente teotihuacanos no lo fueron así sino que se incorporaron progresivamente y desde Teotihuacan reformulados y redistribuidos hacia Mesoamérica.

[12] A pesar de que siempre escribimos poblaciones agrícolas no hay que olvidar la explotación de las lagunas para otros productos procedentes del lago, tanto de agua dulce como salobre.

Fig. 1. Vista general del Valle de Teotihuacan. A la izquierda, el Cerro Gordo (foto Luis M. Gamboa).

crear conflictos sociales que sean evidentes en el registro arqueológico[13].

Durante la fase Tzacualli (1-150 d.C.), Teotihuacan es el principal centro rector del valle con una dimensión estimada de 20 km2 y una población de unos 25.000-30.000 habitantes, concentrada sobre todo en el norte y oeste de la ciudad[14] (Millon, 1973: 52-54). La transición de la fase Patlachique a la fase Tzacualli es una cuestión compleja de estudiar ya que los indicadores arqueológicos del período del 150 a. C. al cambio de era en el área del valle de Teotihuacan resultan aún difíciles de correlacionar con el contexto regional. Es posible que las apreciaciones que indica Georges Cowgill sobre la discontinuidad étnica de la fase Cuanalán con la Patlachique[15] puedan deberse justamente a los fenómenos demográficos y sociales que se dan en el Altiplano (Cowgill, 1992: 92).

Siempre se ha hablado que Teotihuacan destacó desde el principio por la monumentalidad de sus estructuras pero lo cierto que esta imagen debe de ser matizada ya que los datos arqueológicos no coinciden del todo con la construcción mental que hemos hecho de las fases tempranas a causa de la falta de excavaciones intensivas en las dos principales pirámides de la ciudad[16]. El primer edificio de la Pirámide de la Luna, fechado por C14 en 100 d.C., es una pequeña estructura piramidal de base cuadrangular de poco más de 23 mts de largo. Los dos siguientes edificios son ampliaciones realizadas durante el siglo II y principios del siglo III[17] (Sugiyama, 2004 17-18). Es en este momento, cuando se crea una cosmovisión particular para Teotihuacan, tal vez como sugieren algunos autores con rituales herederos de una tradición preclásica, pero rediseñados en un nuevo contexto sociopolítico. Será con la creación de un nuevo centro rector que alcanzará rápidamente una gran magnitud y que se concebirá, desde casi sus inicios, como una verdadera ciudad.

Para explicar la rapidez y la intensidad de este fenómeno cultural se manejaron varias propuestas. René Millon propuso un modelo templo-peregrino-mercado en la que el sacerdote teotihuacano sería el encargado de liderar y gestionar todo aquello relacionado la ciudad (Millon, 1976: 214-244). Era un modelo basado en la idea de una sociedad eminentemente teocrática que, haría de la ciudad una sede básicamente religiosa e ideológica. La construcción de las grandes pirámides y el descubrimiento de la cueva del Pirámide del Sol fortalecían la idea de que Teotihuacan era eminentemente una sede religiosa[18] arquitectónicamente definida por las dos grandes pirámides y los conjuntos de Tres

---

[13] Georges Cowgill sugirió que el cambio en el patrón de asentamiento y en el tipo y distribución del patrón cerámico en el valle de Teotihuacan estará vinculado más con la transición Cuanalán –Patlachique con el crecimiento de ambos centros Cuicuilco y Teotihuacan (Cowgill, 1974: 380, 1992a: 89)

[14] Georges Cowgill llegó a proponer que la población pudiera llegar a los 60. 000 ya para esta etapa (Cowgill, 1974: 385-387).

[15] "The abrupt shift in settlement strongly suggests an abrupt shift in social priorities rather than a gradual development from a Cuanalan nucleus. Possibly the "Patlachique people" were ethnically different but an abrupt social shift can also be internally generated. My impression is that the kinds and amounts of change in the ceramics of the two periods suggest ethnic continuity somewhat more than replacement, but I do not rule the latter possibility. Even if an influx of newcomers were demonstrable, however, that the fact alone would not explain the new priorities that are reflected by the settlement shift (Cowgill1992: 92)".

[16] Hasta principios del siglo XXI se podría decir que la mayor parte de las exploraciones en la Pirámide del Sol y de la Luna se habían circunscrito a la limpieza, conservación y mantenimiento de estas dos grandes estructuras así como en la realización de algunos túneles para poder establecer una secuencia cronológica relativa. Es por ello que de alguna manera en el imaginario colectivo ha creado esa idea de que la volumetría de la ciudad fue la que es ahora igual que en sus orígenes.

[17] Algo parecido podríamos decir para la Pirámide del Sol, cuya construcción parece ser un poco más tardía lo tradicionalmente supuesto y sin la monumentalidad actual (Sarabia, com personal, febrero 2013).

[18] Sobre este aspecto iremos incidiendo. Hay que recordar que en esas fechas no se habían estudiado con profundidad las fases arquitectónicas de las Pirámides del Sol y de la Luna y que se concebía casi en su actual monumentalidad. Por otro lado la visión absolutamente teocrática del gobierno de la ciudad requería justamente de ese énfasis en lo religioso. Veremos que esta imagen se ha matizado en cierta manera.

Fig. 2. La Pirámide de la Luna (foto Miguel Morales. INAH-ZAT).

Fig. 3. Vista general de la Pirámide del Sol y la Pirámide de la Luna (foto Miguel Morales –INAH-ZAT).

templos. Sobre este urbanismo tripartito hay que remarcar que se ha asociado siempre a las fases más tempranas de la construcción de la ciudad por la presencia de cerámica Patlachique –Tzacualli encontrada en su superficie y por su evidente presencia en la ciudad. No obstante, las excavaciones del Grupo 5' realizadas en 1993-94, los datos mostraron que cuando menos, para este grupo de tres templos, se construyeron en fases posteriores (Miccaotli-Tlamimilolpan) y que por lo tanto no corresponderían a la idea de un primigenio urbanismo tripartito como lo propuso Millon (Paz, 1996; Daneels y otros, 1999). Sin embargo no podemos hablar en términos absolutos ya que si atendemos a las excavaciones en Tetimpa, el diseño tripartito se vincularía con las poblaciones del valle poblano-tlaxcalteca (Plunket y Uruñuela, 1998a, 1998b, 1998c, 2003, 2006). Complementaria a esta imagen teocrática de la ciudad, se añadiría la de su aspecto comercial como lo muestra el monopolio de la producción de navajillas prismáticas de obsidiana verde de la Sierra de las Navajas (Spence, 1967, 1981, 1984, 1987). No obstante, aún queda mucho más por analizar de estas fases tempranas para entender el origen de esta ciudad ya que resultan claves para comprender el auge de la misma y sobre todo el correspondiente debate acerca del modo de gobierno de la ciudad.

1.2.3 Un momento clave: Un cambio de rumbo en Miccaotli-Tlamimilolpa temprano

En el marco del coloquio sobre la Cronología de Teotihuacan realizado en 1993, bajo la coordinación de Rosa Brambila y Rubén Cabrera se formalizó la idea de que pudiera existir una fase de transición a finales de Miccaotli y principios de Tlamimilolpa que implica, no tan sólo la evidencia de remodelaciones arquitectónicas, sino también de un cambio sociopolítico importante. Dicha idea fue reformulada por Angulo en su tesis doctoral[19] (Angulo, 1997: 217-221) retomando la propuesta presentada ya por Rubén Cabrera en 1987 en su artículo sobre las pinturas de la estructura de los Animales Mitológicos (15: N4W1). En dicho trabajo, Cabrera hacía notar que la escena de una lucha acuática entre varios animales en los que destaca una gran serpiente atacada por coyotes, cipactlis, avesy/o peces alados respondía a una representación de un suceso político. Para Rubén Cabrera estos animales se vincularían con los linajes principales de la ciudad y por tanto sugería que se representaba un conflicto social de gran alcance (Cabrera, 1987).

Durante el proyecto Teotihuacan 80-82, Noel Morelos excavó e investigó el Conjunto Plaza Oeste (N2W1). La estructura 40A mostró dos fases arquitectónicas idénticas en disposición, tamaño y trazo arquitectónico. La más antigua correspondiente a la fase Miccaotli y la segunda a la fase Tlamimilolpan o Xolalpan temprano[20]. Lo más destacable de ambas superposiciones es la decoración de las alfardas de la escalinata principal en la que sustituyen las que representan cabezas de serpiente emplumada por cabezas de jaguar. Asimismo encontró que las esculturas de cabezas de serpientes y crótalos fueron utilizados como base de sustentación de las cabezas de los jaguares (Morelos, 1993: 193-201).

Otro dato interesante de este mismo conjunto procede de la estructura 40F, en dónde se encontró un mural que presenta un felino sin manchas sujetando entre sus garras las colas de dos serpientes emplumadas. La disposición central del jaguar enfatiza la posición de fuerza por encima de la serpiente mostrando su poder[21].

La presencia de los jaguares parece ser más visible a partir de Tlamimilolpa como se ve con el templo de los Caracoles emplumados y el patio de los Jaguares (N4W1),

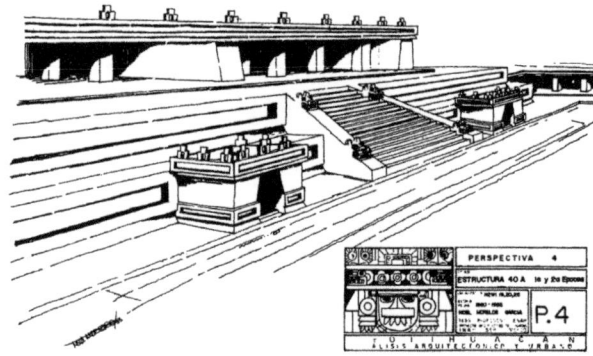

Fig. 4. Estructura 40 A, en su primera y segunda época. Nótese el cambio en la decoración de las alfardas (Morelos 1993, perspectiva 4).

---

[19] No sería difícil, y aquí se propone que así fue, que durante la etapa de Transición Miccaotli- Tlamimilolpa, entre 200 y 250 o tal vez hasta 300 d.C.ocurrió el cambio de clanes o facciones políticos-religiosas, que substituyeron los emblemas totémicos existentes por otros diferentes. Sin embargo, parece que no cambiaron la idea de reorganización laboral existente, ya que continuaron exigiendo a los barrios y poblaciones aledañas, que por casi 300 años habían estado sujetas al gobierno anterior y habían contribuido con el trabajo comunal para erigir las monumentales pirámides, a que siguieran colaborando con la nueva administración cuyos emblemas clánicos del grupo del poder, reorganizó y conminó a las mismas entidades poblacionales a seguir colaborando en la erección de las que ahora conocemos como "edificios adosados" que se localizan frente a las escaleras de las Pirámides del Sol y de la Luna y el T. de Quetzalcoatl (Angulo, 1997: 217-221)".

[20] Algunas de las dataciones son algo vagas ya que no se llegó a estudiar los materiales cerámicos en profundidad.

[21] Las investigaciones realizadas por el Dr García Chavez (INAH-Edomex) vincula a este conjunto con la Estela 31 de Tikal y otras, que alude a la línea dinástica de Atlatl-Cauac o Búho Lanzadardos, posible gobernante de Teotihuacan entre 374 y 439 d.C., y cuyo hijo, Yax Nuun Ayiin I, fue señor de Tikal. Para este investigador, todos el Conjunto Plaza Oeste estaría vinculado con el linaje de Buho Lanzadardos (Raúl García com. personal marzo 2014).

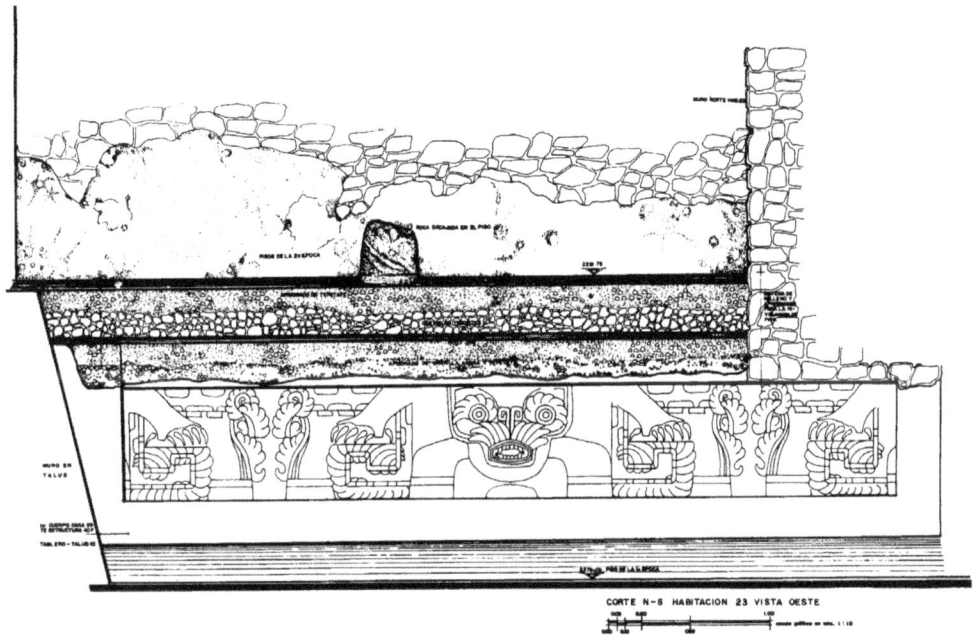

Fig. 5. Estructura 40F (Morelos, 1993).

situados al suroeste de la plaza de la Pirámide de la Luna y que coexisten para este periodo. Sin embargo, las modificaciones arquitectónicas (sin olvidar el simbolismo de la destrucción/remodelación) se determinan en otra área de manera aún más relevante, como es en el área de La Ciudadela y el templo de la Serpiente emplumada cuya fachada principal es cubierta por la construcción del templo nuevo de la Serpiente emplumada y parte de su programa escultórico desmantelado y descuartizado como reflejo de desmontar de manera ritual y práctica a la vez del programa iconográfico del templo anterior (Cabrera, 1990: 72-81).

Otro cambio relevante se refiere a los diseños de volutas, mal llamadas tajinescas y/o totonacas, que decoran algunos edificios en Teotihuacan. Los más destacables están en las estructura IV de la estructura IB' de la Ciudadela (Cabrera, 1990: 76), el altar del conjunto de los edificio superpuestos (Sánchez, 1991 o el edifico con volutas de la Ventilla (Cabrera, 1996: 10). Estos cambios son para Jorge Angulo evidencias de que todos aquellos edificios asociados a la Serpiente Emplumada y a Veracruz sufren importantes modificaciones (Angulo, 1997: 229-230).

Los datos sugieren que, en este momento, la pirámide de la Luna se amplía lo que le permite ganar en majestuosidad, aumentando su volumetría visual hasta nueve veces. Son los denominados edificio 4 (250 d.C.) y edificio 5 (300 d.C.) en cuyo interior se observa una extremada complejidad simbólica-religiosa de los entierros, aún en estudio, pero

Fig. 6. El Templo Viejo y el Templo Nuevo de la Serpiente Emplumada (foto Miguel Morales INAH-ZAT).

que aparentemente involucran los estratos más altos de la representación política de la ciudad[22].

Teotihuacan: ciudad de dioses, ciudad de hombres

A pesar de las dificultades que tenemos para construir una historia política de las élites sí que podemos ver cambios sustanciales en la sociedad teotihuacana a partir de esta época ya que se va a desarrollar una sociedad urbana muy compleja en Teotihuacan con numerosas identidades y etnicidades. A partir de la fase Tlamimilolpan, la ciudad consolida ya su proyecto urbano ampliando construcciones, expandiéndose por el valle y substituyendo los materiales perecederos en su arquitectura por otros permanentes. Durante los siguientes años, la estructura habitacional de la ciudad irá cambiando de los grupos con una arquitectura abierta a una progresiva concentración de los espacios y un mayor control de la movilidad interna de sus habitantes y por lo tanto de su control social. Como se detectó en el Grupo 5', a lo largo de 300 años se pudo detectar el proceso de concentración y ocupación del espacio urbano, pasando de un urbanismo abierto a un urbanismo cerrado, con un mayor control de la movilidad interna y una accesibilidad al interior del conjunto mucho más restrictiva (Paz, 1996; Daneels y otros, 1998). Dicho proceso se detecta en la mayoría de los conjuntos habitacionales de la ciudad lo que debería ser consecuente con los cambios en la política y la gestión de la urbe.

En estas fechas, la ciudad ya casi tiene la monumentalidad y la volumetría que observamos hoy en día. Las pirámides del Sol y de la Luna han completado casi su programa arquitectónico y lo más importante, la serie de ofrendas que articulan un discurso de poder de las elites teotihuacanas en torno a la figura de Tlaloc, el sacrificio humano, las litoesculturas y el trabajo en concha, obsidiana y piedra verde. Las ofrendas se encuentran en contextos muy distintos en toda la ciudad, en altares, plazas hundidas, para la consagración de edificios, como ofrendas fundacionales, etc.... A medida que la ciudad gana en monumentalidad, algunas de estas ofrendas se convierten en verdaderas representaciones del poder y la visión cosmológica de los teotihuacanos. De esta manera podemos diferenciar aquellas ofrendas que corresponden a rituales de ámbito familiar y de linaje a de aquellas que son la representación del poder del estado teotihuacano. A lo largo del tiempo, Tlaloc parece convertirse en una de las principales deidades estatales de la ciudad ya que, además de estar vehiculada a la idea de la fertilidad como parte esencial del discurso que subyace en toda la religión teotihuacana. Los vasos Tlaloc son las únicas figuras representadas en la escasa cerámica que se encuentra en este tipos de ofrendas estatales. Los teotihuacanos van a diseñar un discurso político bastante particular que se difiere sustancialmente de otras culturas contemporáneas, y es el que parece dominar la estrategia corporativa frente la estrategia individualista (Blanton y otros, 1996).

Entrar en el debate sobre el modo de gobierno de los teotihuacanos, excedería el objetivo de este capítulo, que es el de dar una visión general que enmarque las dinámicas sociales de la ciudad. Sin embargo, es necesario contextualizar un poco el debate a grandes rasgos. Desde hace más de quince años, Linda Manzanilla ha estado analizando la estrategia corporativa en Teotihuacan, atendiendo al concepto que señaló George Cowgill acerca de que en dicha sociedad se insista más en el cargo en el individuo. Linda Manzanilla estableció una sugerente propuesta vinculada por un lado al carácter atípico de la sociedad teotihuacana y por otro lado a estructuras urbanísticas cuatripartitas[23] (Cowgill, 1997; Manzanilla, 2002a, 2002b, 2006, 2008: 114). Empero, otros investigadores aducen que es más coherente con la tradición mesoamericana del clásico, la existencia de una dinastía gobernante con un marcado carácter militarista[24] (Saburo, 2005). A partir de estos posicionamientos iniciales, las propuestas y modelos se han ido matizando, incorporando nuevos conceptos a medida que los proyectos arqueológicos y la maduración de las propuestas se han ido desarrollando. Es por ello que en estos últimos años el debate se ha ido diversificando. Elementos que se incorporan son los de los conflictos inter elites como parte inherente al sistema de gobierno teotihuacano (Moragas, 2003) o el uso del término *oikos* y *maison* como conceptos incorporados al análisis de las dinámicas sociales en Teotihuacan (Manzanilla, 2012; Moragas, 2012). Annabeth Headrick manifiesta una postura parecida a la idea de que en Teotihuacan se desarrolló un tipo de gobierno "real" en la que el anonimato que preconizan algunos investigadores no existe de una manera tan concreta si atendemos a una lectura cuidadosa del arte teotihuacano. El poder se manifiesta de manera más individual que un modelo exclusivamente corporativo y anónimo. El poder en Teotihuacan estaría en manos de un (os) individuos que lo ejercerían como tales pero teniendo en cuenta que no deben de ser vistos como reyes absolutos sino que deben mantener la apariencia de un poder compartido (Headrick, 2007: 23-43).

Todo ello nos hace reflexionar acerca de la constitución de la sociedad urbana en Teotihuacan y a construcción de una sociedad algo particular en sus formas y en la expresión del poder de las elites. Lo cierto es que resulta complicado establecer una historia política de Teotihuacan debido a

---

[22] Sería algo incierto todavía pero el entierro dos es muy sugerente por la variedad de animales dispuestos y que se encuentran de alguna manera vinculados con las representaciones de las pinturas murales. En la fecha en que redactamos este trabajo, Nawa Sugiyama está por defender su tesis doctoral sobre la fauna ofrendad en la Pirámide de la Luna.

[23] Estas ideas se materializaron en el proyecto arqueológico: Teotihuacan: elite y gobierno. Excavaciones en Xalla y Teopancazco" que, desde 1997 hasta la actualidad desarrolla investigaciones en estos dos lugares.

[24] Dicha dicotomía se basa en las excavaciones en el Templo de la Serpiente Emplumada en la que se aduce que los sacrificados sería parte de un entierro central, objeto del saqueo de la estructura en tiempos prehispánicos. Esta argumentación fue una de las claves para el diseño del proyecto de la Pirámide de la Luna aunque los resultados no han sido concluyentes sino que abren más preguntas. El actual proyecto del Templo de la Serpiente Emplumada bajo la dirección de Sergio Gómez, ha vuelto a poner en discusión la propuesta dinástica con la posibilidad de que sea la tumba de un señor o de los señores principales de los teotihuacanos.

Fig. 7. Personaje representado en el Conjunto de Tepantitla (foto de la autora).

la uniformidad de su plástica y la no representación de personajes individuales. Los teotihuacanos generan un discurso del poder homogéneo, programático y corporativo que consigue apaciguar las tensiones externas e internas durante más de 500 años bajo un modelo político muy particular[25].

a) **Homogéneo**: las elites teotihuacanas progresivamente construirán una religión de Estado en las que se irán visualizando las figuras de Tlaloc y el Jaguar como ejes principales de la representación del poder de la ciudad pero sin olvidar otras representaciones como pueden ser el Huehueteotl, la flor de cuatro pétalos o la propia Serpiente Emplumada.

b) **Programático**: desde su principio, el diseño y planeación urbana se siguen manteniendo desde los orígenes de la ciudad. La arquitectura se considera parte de este discurso del poder tanto en sus estructuras religiosas (pirámides y conjuntos de tres templos) como por parte de las que serán sede de las actividades político administrativas de la misma.

c) **Corporativo:** las elites teotihuacanas enfatizan su función frente a la individualidad dando una imagen externa de ser un colectivo homogéneo que ejerce su papel como garantes de la fertilidad y del mantenimiento de la propia ciudad y su vinculación con los dioses. Ello no desvincula la existencia de grupos dinásticos que se interrelacionan entre ellas para compartir y gestionar el poder.

d) **Estatal:** La ciudad se convierte en la capital de un estado que controla de manera no hegemónica un amplio territorio y regiones estratégicas. El control estatal no debe de verse como estático ni monolítico sino que va a permitir a los linajes principales de la ciudad establecer sus propias vinculaciones y alianzas estratégicas dentro del amparo que les supone pertenecer a la metrópolis mesoamericana.

Ampliando un poco este último concepto, podemos pensar que todos estos elementos no quieren decir que existan de forma inmutable desde el origen de la ciudad, sino que se irán adaptando a una realidad sociopolítica cambiante. A pesar de que la evidencia arqueológica muestra una homogeneidad cultural desde el origen mismo de la cultura teotihuacana resultaría cuando menos extraño considerar que los teotihuacanos del siglo I d.C. son los mismos que los teotihuacanos del siglo V d.C. Años de devenir histórico, político, económico, social… impiden la inmutabilidad de una sociedad. En el fondo nos encontramos con el problema, bien conocido de la arqueología sobre la velocidad en que la cultura material se transforma y las evidencias del propio registro. Lo cierto es que, a partir del 350 d.C. la ciudad funciona como una verdadera capital de un Estado, algo particular en sus formas de representación. El poder político, económico y social se mantiene en un grupo de nobles que, representados bajo un discurso ideológico muy potente, establecen una amplia base de relaciones de prestigio en gran parte de Mesoamérica. Es por ello que no podemos hablar de un Estado hegemónico en el sentido

---

[25] Uno de los factores que seguramente influyeron en las peculiaridades teotihuacanas es que aparentemente nunca tuvieron enemigos externos ni ciudades cercanas con las que compitieran por el territorio. Ello debió de contribuir a una percepción particular del territorio y de sí mismos.

que no hay el concepto de territorialidad afirmada como la anexión de otras áreas en régimen de subordinación política clara sino de vinculaciones entre grupos familiares extensos de unas elites hacia otras[26].

1.2.4 Hacia la construcción de una metrópolis multiétnica

A partir de la tercera centuria de nuestra era, la ciudad se consolida como una metrópolis en la que se constituyen otras comunidades étnicas que residen en la comunidad[27]. Estos grupos se denominaron el Barrio Oaxaqueño o *Tlailotlacan*, el barrio de los Comerciantes y más recientemente con el norte de México[28].

Con el nombre de Barrio Oaxaqueño o *Tlailotlacan*[29] se han determinado una serie de complejos arquitectónicos (15) con estrechas vinculaciones con esta región mesoamericana. Los habitantes del Barrio de Oaxaca vivieron en complejos de apartamentos típicos del estilo teotihuacano pero utilizando vajillas grises de tipo zapoteca[30]. Los restos arqueológicos de este barrio son casi indistinguibles de las otras áreas de Teotihuacán, excepto por la producción de vajillas grises, usando una tecnología

Fig. 8. Ofrendas del Barrio Oaxaqueño (fig. 14 Palomares, 2013).

basada en hornos construidos, extraña en Teotihuacán pero bien conocidas en Oaxaca. También se encontraron tumbas y entierros en cistas de piedras alineadas típicas de Oaxaca, pero diferentes a los entierros de pozo simple en Teotihuacán así como de cerámicas, figurillas y urnas zapotecas (Caso *et al.*, 1967; Martínez y Winter, 1994; Rattray, 1992; Spence y Gamboa, 1999).

Durante estos últimos años se han desarrollados excavaciones puntuales en este conjunto que han permitido avanzar en los conceptos de identidad y etnicidad de estas comunidades dentro de la ciudad (Gamboa, 1995; Ortega y Palomares, 2003; Palomares, 2007). Los estudios sobre la morfología ósea y las marcas isotópicas apoyan el argumento sobre una homogeneidad biológica dentro de los habitantes del barrio, así como una interacción social sostenible dentro del barrio, el Valle de Oaxaca y otros enclaves zapotecas en El Tesoro, Acoculco y Chingú en el área de Tula, Hidalgo (Crespo y Mastache, 1981; Spence, 1994; White *et al.*, 2004a, 2004b, 2007).

El barrio de los Comerciantes o *Xocotitla*, situado en el noroeste de la ciudad, tiene unas características muy particulares sobre todo en lo que se refiere a su arquitectura circular interpretadas como viviendas y almacenes que se ha interpretado como una vecindad mixta de familias de comerciantes que proceden o tratan con materiales mayas y veracruzanos. Estas estructuras de planta circular tiene diámetros que van desde los 5 a casi los 10 mts, ocupando un área de 4 ha y con una población aproximada cercana a las 2000 personas. En este lugar se han encontrado cerámicas procedentes de esas regiones así como otros materiales como ámbar, pedernal y fauna de áreas tropicales. Para Evelyn Rattray la cerámica maya sería más temprana mientras que la veracruzana algo posterior (Rattray, 1987b: 266, 1990; Rattray y Civera, 1999). Durante los años 1990-91, Sergio Gómez exploró el conjunto arquitectónico denominado Estructura 19 con fuertes vínculos con el Occidente de

---

[26] Para Teotihuacan éste es un tema muy complicado ya que no hay evidencias que nos permitan sugerir que los teotihuacanos establecieron una administración única en todo el territorio de la misma manera que se hará en épocas posteriores. Dicho de otra manera, resulta difícil establecer un estado tributario de la misma manera que tendremos para el Postclásico. Las únicas evidencias que tenemos pueden ser sujetas a otras interpretaciones como la interpretación de que los glifos de la Ventilla supongan topónimos vinculados a lugares sujetos o tributarios de Teotihuacan.

[27] Para Gómez y Gazzola, la religión tuvo que ser el mecanismo integrador que utilizaron estas comunidades en el interior de la ciudad para poder mantener y conformar su identidad y su propio sistema cultural (Gómez y Gazzola, 2009: 71). Basándose en el trabajo de Bartolomé (2006), consideran que las relaciones de las minorías étnicas en sociedades estatales son por naturaleza conflictivas por lo que debía de existir un diálogo tenso entre grupos. "Por las razones enunciadas, resulta difícil entender cómo y de qué manera el estado teotihuacano toleró no sólo la presencia de distintos grupos étnicos, sino incluso permitió que en lo cotidiano manifestaran sus diferencias y su otredad. La información arqueológica no permite aún saber si la capacidad de negociación política de estos grupos o simplemente por razones económicas, el estado teotihuacano habría tolerado su presencia y más aún que permitiera que por largo tiempo mantuvieran su modo de vida y cultura, aunque esta actitud siempre hubiera representado un riesgo latente para el estado y el sistema (Gómez y Gazzola, 2009: 72)".

[28] La relación de Teotihuacan con el norte de México ha estado, comparativamente, menos estudiado que con otras áreas como la veracruzana, la maya o la oaxaqueña. Sin embargo y teniendo en cuenta el papel que tendrás las poblaciones "norteñas" en el valle de México sobre todo a partir del siglo V, es necesario volver la vista a la frontera norte de la periferia teotihuacana.

[29] Localizado en el extremo final de la Avenida Oeste (Sitio 7: N1W6; sitio 6: N1W6; sitio 69: N2W7 del mapa de Millon).

[30] La perspectiva de las relaciones entre Teotihuacan y Monte Alban se han basado en la percepción inicial del paralelismo existente entre ambas ciudades (Blanton y otros, 1981: 138). Si embargo, existen ciertos problemas en la contemporaneidad de las cerámicas de factura zapotecas encontradas en este conjunto con sus contemporáneas teotihuacanas. Las cerámicas grises zapotecas identificadas no corresponden a vajillas completas por lo que se identifican algunos tipos y formas pero no conjuntos completos. Asimismo existen discordancias a la hora de comparar las cronologías relativas de esta cerámica con la teotihuacana (Croissier, 2007). Es posible que debamos esta perspectiva a varios factores desde el propio registro, a la consideración de que la manufactura es hecha localmente en Teotihuacan por poblaciones asentadas desde hace largo tiempo, a las formas y funciones específicas de dichos tipos.... etc, etc...

México. Este conjunto debió de acoger inicialmente a un centenar de personas procedentes de esta área que vivieron en un conjunto de factura teotihuacana pero con algunos elementos diferenciados que vinculan al grupo con el área del centro norte de Occidente. Los elementos principales de origen Michoacano son las tumbas que se localizaron en el conjunto, una de ellas de tiro. Los materiales asociados (figurillas, cerámica, obsidiana de Zinapécuaro entre otros) son alóctonos y procedentes de esta área. Asimismo, los habitantes se aplicaban un tipo de deformación craneal completamente distinta a la utilizada de manera más habitual por los teotihuacanos. Resulta interesante que en este conjunto se encuentran también vinculaciones con los grupos zapotecas, identificándose determinados tipos de modificaciones arquitectónicas comunes a ambas zonas como son los pisos empedrados y el uso de tubos de cerámica[31] (Gómez y Gazzola, 2009: 75).

Análisis más específicos nos muestra un panorama mucho más complejo de las relaciones interétnicas independientemente de los elementos de su cultura material[32]. Los estudios de Spence, White y otros, sobre los entierros del Templo de la Serpiente Emplumada nos proporcionan un contexto culturalmente destacable por su excepcionalidad. En el interior del templo se encontró el sacrificio ritual en masa más impresionante encontrado hasta la fecha en la ciudad. Cerca de 200 individuos fueron sacrificados y dispuestos en una manera muy específica y que responde a cuestiones simbólicas y cosmogónicas así como de representación del poder de las elites gobernantes. Desde su excavación surgieron preguntas acerca de las causas de este sacrificio, las implicaciones sociales y culturales y su origen étnico así como la vinculación de los sacrificados con la concepción del templo, atípico por la decoración de su talud tablero. Algunas interpretaciones proponen desde representaciones de mitos (Coe, 1981; López Austin *et al.*, 1991), aspectos calendáricos (Coggins, 1983; Drucker, 1977; López Austin *et al.*, 1991) o la expresión del un gobierno militarista (Grove, 1987; Taube, 1992 Carlson, 1991; Sugiyama, 2005)[33]. Utilizando como base los análisis de isótopos de oxígeno y las evidencias de la cultura material podemos inferir algunas ideas sobre cómo los habitantes de Teotihuacan percibían la etnicidad. Los hombres sacrificados, interpretados como guerreros por la iconografía de su vestimenta, nos muestran que vivieron en el Valle de México pero con algunos detalles particulares significativos que nos hacen considerar la movilidad de las poblaciones[34]. Las propuestas de los investigadores consideran que los individuos nacidos en la ciudad, los que vivieron largo tiempo en la ciudad y los no nacidos en la ciudad fueron enterrados de igual manera indistintamente en el templo. Ello sugiere que no podemos hablar de tropas separadas por su etnicidad (Spence y otros, 2004: 2). Si no se pueden dar otras opciones: que el carácter militar de los sacrificados era un elemento homogeneizador o que el ámbito geográfico del valle de México era considerado como parte del territorio nuclear de los teotihuacanos por sus habitantes.

La movilidad de las personas resulta significativa y diferenciada en los diferentes conjuntos, lo que nos enriquece a nivel de datos pero nos complica la interpretación. Ello nos hace reflexionar sobre la relación entre la cultura material y los individuos. Para el conjunto del barrio de los comerciantes los análisis sugieren que los hombres eran extranjeros y que las mujeres en cambio originarias de la ciudad. Mientras que en el barrio zapoteco hombres y mujeres parece que tenían el mismo nivel de movilidad a diferencia del grupo de Tlajinga 33 en que gran parte de sus habitantes permanecieron en Teotihuacan. Otro aspecto interesante se refiere a la posición social de los extranjeros observando que existen diferencias entre ellos, lo que hace sugerir que la posición social no era exclusivamente conseguida por su origen sino también en vida (White y otros, 2004b). Todo ello puede resumirse en la idea de que la ciudad, para estas fechas, era verdaderamente una urbe multiétnica tanto en el origen étnico de sus pobladores como por su movilidad.

La presencia de los teotihuacanos o elementos teotihuacanos en el resto de Mesoamérica también es sujeto de discusión por su relevancia y su influencia por las otras elites. Algunas zonas como la Poblano-Tlaxcalteca y la Costa del Golfo parecen ser presentes desde el inicio de la ciudad y de alguna manera participar en el origen de la misma, primero con la presencia de materiales costeños en la ciudad y posteriormente con la presencia de diversos materiales teotihuacanos en el área de la costa del golfo (Ruiz Gallut y otros, 2004). Annick Daneels propone que podemos encontrar dos momentos distintos de contacto entre Teotihuacan y al menos el área del centro sur de Veracruz y que responderían otros

---

[31] El uso de tubos de cerámica como parte del drenaje se utilizan también en otras áreas mesoamericanas durante el periodo Clásico como son en el centro sur de Veracruz en arquitectura de tierra (Daneels, 2008). Asimismo Bove las reporta para el área maya (Daneels comunicación personal sept. 2010). En la Ventilla y en otros lugares de la ciudad se han ido progresivamente encontrando pisos de lajas, en algunos casos como en la Ventilla, no cubre totalmente los pisos de las habitaciones sino más bien complementan a los pisos estucados que se hallan en el interior de los cuartos, y también en los patios (Rubén Cabrera comunicación personal sept. 2010)

[32] Un ejemplo clave es la aportación de los isótopos de oxígeno en fosfato de hueso y esmalte y los estudios de isótopos de oxígeno en colágeno de hueso aplicados a los entierros de distintos grupos en la ciudad. Lo más interesante de estos estudios es que nos permiten observar la movilidad de los individuos en vida.

[33] La bibliografía sobre el Templo de la Serpiente Emplumada es amplia y supera el espacio de este trabajo. Es por ello que sólo me voy a referir a las cuestiones étnicas centrándome en las aportaciones que se han dado desde los análisis arqueométricos. Para una visión general del desarrollo de las investigaciones y algunas de las propuestas de interpretación se puede consultar la obra de Saburo Sugiyama 2005.

[34] Previous analyses of oxygen-isotope ratios in skeletal and dental phosphate from a sample of the soldiers sacrificed at the Feathered Serpent Pyramid indicated that some soldiers probably spent most of their lives at Teotihuacan, but more had come from foreign locations to reside in Teotihuacan for some years before their deaths (White, Spence, Longstaffe, Stuart-Williams, and Law, 2002). As many as four foreign lands of origin were indicated, and those who had relocated to Teotihuacan had done so at a fairly early age, probably in adolescence. These data raise the possibility that the military membership contained a strong mercenary or tribute service component (Spence y otros, 2004).

fenómenos sociopolíticos distintos de ambas áreas (Daneels, 1996). Bárbara Stark estudió también el papel de Teotihuacan en la cuenca baja oeste del río Papaloapan y considera que en esta región existe una interacción muy limitada a las élites ya que la distribución de objetos teotihuacanos es bastante limitado. Eso no implica que no existieran contactos, aunque no necesariamente directos, ya que es cierto que hay un importante intercambio de algodón y obsidiana entre el altiplano y la planicie costera pero no podemos hablar de dominación política sino que más bien de emulación de las élites locales para sus propios intereses de legitimidad local (Stark *et al.*, 2004). La relación entre los teotihuacanos y los mayas ha sufrido varias interpretaciones dependiendo del propio avance de los descubrimientos en ambas áreas. Podríamos decir que las interpretaciones realizadas por los investigadores han ido pasando por varias etapas. Los modelos iniciales interpretaban que el contacto se dirigía desde el Altiplano hacia la zona maya. Este es el modelo que se deriva de leer literalmente los textos epigráficos.

María Josefa Iglesias considera que la presencia teotihuacana en la zona maya, si bien se puede identificar con claridad, no deja de ser parte de la cultura de la élite y no puede asociarse a toda la sociedad maya en general. Es decir, los materiales propiamente teotihuacanos conforman un tanto por ciento muy pequeño respecto a los otros materiales que se encuentran en el mismo contexto. Otro argumento que maneja la autora es que desconocemos el nombre por el cual se conocía Teotihuacan durante el periodo clásico y que por lo tanto tampoco podemos aseverar la existencia de una línea dinástica en Teotihuacan como lo hay en las ciudades mayas(Iglesias, 2008a, 2008b). El hecho de que no tengamos una historia política oficial para los teotihuacanos hace que su presencia sea vista desde la óptica maya. Linda Schele opino que la existencia de una imaginería teotihuacana en los gobernantes mayas no respondería tanto a una presencia real sino la utilización de determinados elementos como parte de ejercicios internos de legitimación social de las élites mayas dentro de sus comunidades (Schele *et al.*, 1990). Sin embargo investigadores consideran que los eventos que se narran en las estelas mayas nos ofrecen una historia política real de una "conquista" por parte de un grupo de teotihuacanos de las ciudades mayas de Uaxactún y Tikal (Según David Stuart, Siyah K'ak llegó a las ciudades de El Perú, Uaxactún y Tikal. Los textos nos informan que por esas fechas el Ahaw de Tikal, Garra de Jaguar murió. Asimismo se menciona un señor del oeste cual menos es el título con el que se vincula a Siyah K'ak. Stuart, 2000). García Chávez (comunicación personal) vincula dichos eventos con los cambios en el Conjunto Plaza oeste. En Copán, William y Bárbara Fash, la presencia de elementos teotihuacanos llegan en fechas tempranas coincidiendo con el reinado del fundador K'inich Yax K'uk'Mo y su sucesor Gobernante 2. Para William y Bárbara Fash son intentos de vincular se con Teotihuacan como una manera de datarse de pedigrí y status social (Fash y otros, 2000: 446-447). En definitiva, lo que debemos ver en la interacción entre teotihuacanos y mayas otros modelos distintos; no necesariamente desde la perspectiva de una acción teotihuacana en el territorio propugnada desde la capital del altiplano.

1.2.5 El fin de un proyecto urbano: el colapso de Teotihuacan

El final de la cultura teotihuacana ha suscitado un amplio debate desde los inicios mismos de las exploraciones arqueológicas en el siglo XIX. Leopoldo Batres ya insinúa que un incendio pudo ser la causa de la destrucción de los templos y del abandono de éstos por parte de sus habitantes. Poco a poco, la asociación del incendio con actos violentos y la aparición de un complejo cerámico completamente nuevo, hicieron que las posturas difusionistas/invasionistas tuvieran gran predicamento en la academia de investigadores ya que ofrecía un marco explicativo bastante simple y sencillo para comprender dicho final. Los coyotlatelcos habrían sido los causantes de la caída de la ciudad atacando el centro ceremonial, matando a las élites y provocando el abandono de la misma, por parte de los despavoridos habitantes[35]. No obstante, no todos los investigadores estaban de acuerdo con esta proposición ya que consideraban que la existencia de un ataque invasor no quedaba del todo probada, teniendo en cuenta la propia magnitud de la ciudad y al hecho aparente de que los teotihuacanos no parecieron oponer ningún tipo de resistencia. Es por ello que, buscando otros modelos interpretativos, las causas medioambientales y sociales tuvieron gran predicamento durante toda la segunda mitad del siglo XX ya que de alguna manera, completaban el escenario y era coherente con los marcos teóricos del momento (Moragas, 2003).

Sin embargo a finales del siglo XX, excavaciones realizadas en el Valle de Teotihuacan y la publicación de nuevas dataciones de C14 del conjunto del Valle de México empezaron a poner en duda la secuenciación tradicional de teotihuacanos-colapso-coyotlatelcos. Las evidencias sugerían cuando menos la presencia temprana de coyotlatelcos antes de la caída de Teotihuacan (la fecha mítica del 750 d. C pero ya no viable) y en la propia ciudad. Actualmente se analizan y presentan otros modelos más transicionales en los que se analizan aspectos como la cohabitación, el conflicto entre elites e incluso una revisión

---

[35] Los coyotlatelcos o el pueblo de coyote se identifican como un grupo ajeno a la Cuenca de México procedentes de un área, aún por definir del Occidente o Centro –norte de México. Son portadores de una cultura material muy distinta a las tradiciones del clásico por lo que resultan fácilmente identificables ya desde el mismo inicio de las investigaciones arqueológicas (Tozzer, 1921). Rápidamente fueron asociados, en el marco de teorías difusionistas, como los causantes de la caída de Teotihuacan y representados en el imaginario científico como bárbaros que atacan al ciudad sagrada quemando todo a su paso. Este tema está desarrollado de manera más extensiva en mi tesis doctoral "Dinámica del Cambio Cultural en Teotihuacan durante el Epiclásico (650-900 d.C.). Universitat de Barcelona. (Moragas, 2003). Para un revisión más actualizada de las problemáticas de lo coyotlatelco y las diferentes percepciones y propuestas académicas vale la pena consultar la publicación coordinada por Laura Solar sobre el problema coyotlatelco que se desarrolló en México en 2005 (Solar, 2006).

que retrotrae casi 200 años el final del Clásico teotihuacano (Moragas, 2003, 2005).

En los últimos años se han revaluado los indicadores arqueológicos considerando aquellos que han marcado las interpretaciones por su visibilidad dentro del registro arqueológico. Sin duda el incendio, el cambio de la cultura material y lo saqueos son evidencias muy difíciles de obviar pero por otro lado hay que considerar otras evidencias que complementan el escenario (Moragas, 2012a en prensa y 2012b en prensa). Bajo este modelo, no es tanto la secuenciación de los indicadores sino la integración de ellos en un escenario histórico-político teniendo en cuenta los eventos (fenómenos rápidos) y los procesos (más lentos y más complejos de diferenciar e integrar como parte de dicho colapso.

Los procesos históricos –arqueológicos que se presentan son: el despoblamiento de la periferia y la ocupación coyotlatelco temprana de la misma (Gamboa, 1998). Se puede asumir la densidad de población del centro de la ciudad como una reagrupación y no necesariamente de un aumento cuantitativo de la población, un fenómeno demográfico típico en las grandes crisis por la que las familias se unen. La ruptura de las rutas comerciales y la vinculación con las elites periféricas así como el abandono de los conjuntos étnicos departamentales debió de afectar indudablemente a la cúspide del poder y a su prestigio. Así mismo, en la ciudad se detecta que no hay grandes proyectos urbanísticos sino más bien remodelaciones pero también elementos que sugieren la desacralización ritualizada y el abandono progresivo de diversos conjuntos ceremoniales (ofrendas matadas, cambio en la movilidad). En definitiva, la pérdida de la ciudad como globalidad, como ese proyecto político concebido bajo los ejes de homogeneidad, programático y corporativo.

Capítulo 2

Estudios Previos Sobre Cuevas en Teotihuacan

2.1 Introducción

Hace veinte años inicié este capítulo escribiendo: (…) "El estudio de las cuevas en Teotihuacan ha sido un fenómeno relativamente reciente en la investigación teotihuacana. Es una situación plausible por la prioridad que se le ha dado a la arquitectura monumental, característica inherente de la arqueología teotihuacana…". Hoy en día podemos decir que la década de los noventa supuso un gran impulso para la investigación de las cuevas pero que aún queda mucho por estudiar y publicar. En estos veinte años se ha avanzado mucho en la manera en que percibimos a la sociedad teotihuacana y sobre todo en lo que se conoce de las fases post teotihuacanas. Podríamos considerar que en Teotihuacan las cuevas constituyen parte del diseño de la propia ciudad y de un urbanismo del inframundo muy particular. Así ha de serlo porque forma parte de la propia construcción simbólica y política de la ciudad de los Dioses.

En este capítulo vamos a introducirnos en los antecedentes de las investigaciones sobre cuevas en Teotihuacan y las percepciones que se tenía sobre ellas. En la mayoría de los casos se refieren a descripciones y descubrimientos casuales que, en algunos casos, pueden llegar a ser tesis de licenciatura (Moragas, 1995; Soruco, 1985; Basante, 1986). Hay que comprender también que la mayoría de las interpretaciones que se van a hacer son coherentes con las proposiciones y estado del conocimiento de la época en que fueron descritas.

2.2 Las primeras descripciones de las cuevas en Teotihuacan

Puede parecer una perogrullada pero los primeros conocedores de las presencia de cuevas fueron los propios teotihuacanos que las generaron como parte del proceso constructivo de la ciudad, pero dado que este aspecto va a ser tratado con mayor detalle en el próximo capítulo, vamos a centrarnos aquí en las descripciones e investigaciones que se desarrollan a partir de los primeros cronistas.

Resulta anecdótico que fuera ya desde el primer momento que se dio la interpretación clave pero que no fuera hasta varios siglos después que se contrastara con métodos científicos. El autor de la frase clave fue Fray Bernardino de Sahagún cuando escribe sobre: "los *hoyos* de dónde sacaron las piedras para construir los *montecillos*[1]" y aunque no menciona específicamente la palabra cantera sí que nos da a entender, claramente, de que cumplen esa función. Años más tarde, Francisco Gemelli Carrieri mencionará lo mismo[2]. Durante la época virreinal se incorporaron también a las crónicas y descripciones aquellas historias indígenas que, más o menos "traducidas" a una lógica hispana, hablan del papel de las cuevas dentro de la cosmovisión indígena. Las cuevas como lugares de origen, lugares místicos y sagrados ya aparecen en la Monarquía Indiana de Fray Juan de Torquemada y se vinculan a los totonacas como los constructores de las Pirámides del Sol y de la Luna[3] (Gallegos, 1997: 65).

Lo cierto que algunas de las descripciones o mejor dicho adscripciones nos resultan hoy en día confusas por lo que sabemos arqueológicamente de las cuevas excavadas. Gumecindo Mendoza menciona salas y puertas y espacios grandes[4]. De la misma manera que Desire Charnay en su obra "*Las antiguas villas del Nuevo Mundo*" habla también de grandes salas y espacios subterráneos[5] (Gallegos, 1997: 265).

---

[1] Lo más interesante es que Fray Bernardino dará en el clavo cuando escribe: "Desde Tamoanchan iban a hacer sacrificios al pueblo llamado Teotihuacan, donde hicieron honra del sol y de la luna dos montes, y en este pueblo se elegían los que habían de regir a los demás, por lo cual se llamó Teotihuacan, que quiere decir Ueitican, lugar donde se hacían señores. Allí también se enterraban los principales y señores, sobre cuyas sepulturas se mandaban hacer túmulos de piedra, que hoy se ven todavía y aparecen como montecillos hechos a mano; y aún se ven todavía los hoyos donde sacaron las piedras, o peña de que se hicieron dichos túmulos". Fray Bernardino de Sahagún (1981: 104) libroX. cap. XXIX.

[2] De los cues o pirámides de San Juan Teotihuacan (…) Sí es cosa cierta que allí donde ellas están hubo anteriormente una gran ciudad, como se advierte por las extensas ruinas que hay) alrededor, por las grutas, tanto naturales como artificiales, y por la cantidad de montecillos que se cree que fueron hechos en honor de los ídolos. (Gallegos, 1997: 87).

[3] Capítulo XVIII De la señoría de los totonacas y cómo comenzó y de los señores que tuvo. "Los totonacas que es una gente diferente en la lengua, que los mexicanos y fueron los que recibieron en Cempoala y Quimichtlan a Fernando Cortés) están extendidos y derramados por las sierras que le caen al norte a esta ciudad de México. De su origen dicen que salieron de aquel lugar que llamaron Chicomoztoc o siete cuevas, juntamente con los xapanecas y que fueron veinte parcialidades o familias, tantos de unos como de otros; y aunque estaban divisos las parcialidades eran todos de una lengua y de unas mismas costumbres (….) pararon en el puesto dónde ahora es Teotihuacan, y afirman haber hecho de ellos aquellos dos templos que se dedicaron al Sol y a la Luna, que son de grandísima altura.

[4] "(…) y las personas que se han atrevido a penetrar por las estrechas bocas de las cuevas que hay en aquellos lugares en busca de tesoros, han encontrado salones con sus asientos; han encontrado multitud de huesos humanos, y en sus excursiones subterráneas han podido reconocer, en medio de aquel dédalo de puertas o entradas, unas veces amplias, otras veces estrechas, que se dirigen hacia las dos pirámides: esto es una prueba de la existencia de los laberintos, y éstos eran símbolos, en el lenguaje mitológico, de las entrañas de la tierra, en donde se engendra bank, en una oscuridad de misteriosa, las plantas y muchos animales, según sus observaciones; estado fue una de las cosas que contribuyó a generalizar entre los hombres primitivos la idea de lo divino: el agua y el aire debieron tener entre aquellas gentes sus representaciones y símbolos, pero nada hemos podido encontrar a este respecto (Gallegos, 1997: 249-250)".

[5] "(…) lo primero que visitamos fue una apertura circular de considerable tamaño, con tres galerías angostas que se dividen en diferentes direcciones, en un ángulo de 45°. Los primeros exploradores de esta cueva se encontraron restos humanos, que lado a lado, junto con los de rumiantes. La siguiente cueva, de mayores dimensiones, es de 350

Las primeras excavaciones en las que se mencionan las cuevas, son apenas algunas notas donde el interés principal se centra en la recogida de material arqueológico para dar cronologías. Pedro Armillas anota los primeros informes de excavación realizados en las décadas de los años treinta y cuarenta. En 1932, Sidvald Linné continuando los trabajos de Vaillant en el terreno de Las Palmas en San Francisco Mazapa, localizó una pequeña cueva natural en dicho lugar[6](Armillas, 1950: 47; Gallegos, 1997: 536). Dicha cueva se accedía por una entrada situada dentro de la casa y había sido usada como lugar de almacenamiento.

En los años 1945-46, el Dtor Helmutt de Terra y el Sr Rémy Bastien localizaron otra cueva, denominada el Pozo de las Calaveras, situada a 300 mts al oeste de la bifurcación del camino viejo y la nueva carretera de Otumba. Se identificaron cerámicas correspondientes a tipos aztecas en sus capas superiores. Lo más sorprendente fue el hallazgo de 35 cráneos a -3.00 mts de profundidad, concentrados en 1 m2 con una calota trabajada asociada y unos pocos huesos correspondientes al resto del cuerpo. La cerámica asociada a dichos entierros corresponde a la fase Miccaotli. La excavación de la cueva fue abandonada a los -4.10 mts de profundidad[7] (Bastien, 1946: 3, Armillas, 1950: 59, Sempousky et al., 1994: 56-57).

Pedro Armillas también se refiere a las cuevas situadas en el camino viejo de San Juan Teotihuacan a San Martín de las Pirámides. Según sus propias apreciaciones de la cerámica, las cuevas más cercanas al camino son las que tienen cerámica teotihuacana mientras que las situadas más alejadas del mismo, predominan las cerámicas de fases aztecas[8] (Azteca III-IV).

En exploraciones realizadas en la Plaza nº1 Tres Palos de Oztoyahualco por Carmen Cook de Leonard se mencionan la existencia de hoyos directamente asociados a los conjuntos de tres templos[9]. Para esta autora parece natural que los teotihuacanos hicieran uso de las tierras y canteras volcánicas cercanas a las estructuras para la construcción de los edificios[10] (Cook de Leonard, 1975: 3).

Finalmente, hay que mencionar de manera muy breve el Proyecto dirigido por Ignacio Bernal durante la década de los sesentas. Si bien sabemos que el objetivo prioritario fue el centro ceremonial de la ciudad y su adecuación a dar la imagen de la ciudad en su última fase de ocupación, hay unas menciones que nos interesan sobre las cuevas. En un comentario menor, Bernal asocia la presencia de objetos pre teotihuacanos con la exploración de algunas cuevas, aunque no hemos podido localizarlas[11] (Gallegos, 1997: 119).

2.3. Los años sesenta y el desarrollo de los macroproyectos en el Valle de Teotihuacan: La Cueva de Huexoctoc

Se podría decir que hay un parte aguas en la investigación teotihuacana cuando se desarrollan los tres mega proyectos: El *Teotihuacan Mapping Project,* dirigido por René Millon; el *Teotihuacan Basin Project*, dirigido por William T. Sanders y *el Proyecto Teotihuacan 60-*

---

pies más larga. Penetramos en una de las galerías y caminamos durante diez minutos antes de que pudiésemos ver el final; el día me aseguró que esta galería se extienden por tres millas hasta la pirámide del sol y que todo el campo alrededor se encuentra minado por estas cuevas, de suelo conglomerado. Llegamos a salones grandes, sostenidos por pilar es increíblemente pequeños: la población de los alrededores pose a este lugar como salón de baile dos veces al año y nadie puede tener una idea de los efectos, casi mágicos, que esto les ocasiona. En la cueva el conglomerado se parte en bloques gigantescos, aislados, con las formas más fantásticas y sobrenaturales en contraposición a las formaciones calcáreas perpendiculares. La siguiente caverna que visitamos tiene un pozo y una rotonda en el centro; se cuentan historias horribles acerca de bandidos que anteriormente usaban estas cuevas para enterrar a sus víctimas después de haberlas asaltado; hay suposiciones extravagantes derivadas de la gran cantidad de restos humanos que se hallan por todas partes y que, siendo un lugar a dudas, son huesos de los indios más antiguos, como lo indica grosor de sus cráneos (Gallegos, 1997: 262-263).

[6] Sobre ello Armillas dice: "Además de confirmar la estratigrafía encontrada en el mismo lugar por Vaillant, descubrió Linné 5 alineamientos de piedras que parecen haber sido los cimientos de un jacal (casa con armazón de postes y paredes de rama entretejida o caña) y una pequeña cueva natural, a la cual se desciende por una entrada situada dentro de la casa y que parece haber sido usada como lugar de almacenamiento; en ella encontró dos grandes tinajas" (Gallegos, 1997: 536).

[7] Sempousky visitó, en la década de los noventa, esta cueva cuya descripción recogemos a continuación". The cave is an ancient lava tunnel, portions of wich have collapsed, providing easy acces from today's grond level. During Teotihuacan times, a residential structure was built over these underground chambers, although it is not clear whether the present-day entrances were open at the time. However, the remains of an ancient pozo still exist to indicate at least one means of access from the structure above that existed at the time of the building's occupation. It maybe, then, taht the occupants of the apartment compound above had access to the cave and that it was they wo were responsible for the mass grave. It seems unlikely, because of the compact arrangements of remains, that these burials originally had been made in the rooms above and that they merely fell through as the roof of the cave collapsed. Nor does this seen to be a case of individual burials regularly being made in the cave following deaths in the compound. What was involved here seems to be more complex: a highly orchestrated endeavor involving secondary burial of skulls and other bones..". Sempousky y Spence, 1994).

[8] "Un grupo de esos socavones y cuevas está situado al oeste del camino viejo de San Juan teotihuacan a San Martín de las pirámides, donde termina la ruinas de edificios de cal y canto. Sobre las cuevas próximas al camino aún se encuentran cimientos de edificios pertenecientes, al parecer, a la época de esplendor de la cultura teotihuacana. La mayor parte de esas cuevas conservan vestigios de ocupación humana relativamente reciente. En las más cercanas al camino se encuentra, según mis excavaciones, cerámica teotihuacana; el las más apartadas, cerámica tenochtitlan negro-sobre-naranja (la llamada azteca III) muy abundante, Tlatelolco negros sobre naranja (azteca IV) y negros sobre quién da bastante abundantes y restos de talleres de obsidiana. (Gallegos, 1997: 548).

[9] Cook de Leonard menciona que Vaillant (informe inédito) en sus excavaciones en el Grupo 5' informa de este mismo tipo de hoyos como canteras que proporcionarían el material para la construcción de los grupos de tres templos. Otra nota de gran interés que proporciona es una referencia a Millon en que que dice literalmente"... *Es posible, sin embargo, que ya en los tiempos más antiguos hubieran servido para la extracción de material de construcción, sobre todo porque casi invariablemente Millon pudo notar estos mismos hoyos en las cercanías de otros montículos fuera del Valle de Teotihuacan".* (Carmen Cook de Leonard, 1957b: 3). Lamentablemente no hemos podido comprobar esta aseveración

[10] Resulta interesante anotar que Cook de Leonard reporta que en esos años se seguían utilizando como minas de extracción de materiales para la construcción (Carmen Cook de Leonard, 1957b: 3).

[11] El comentario es colateral al proyecto en sí mismo. Bernal menciona que Florence Müller la ceramista del proyecto, comparando tipologías de material lítico de Tehuacan (MacNeish) considera que hay materiales comunes que sugieren material anterior a Teotihuacan. Dentro de un modelo evolucionista, la ocupación en cuevas debería ser anterior al desarrollo urbano. Es por ello que Bernal vincula las cuevas del norte de la ciudad con la posibilidad de asentamientos preteotihuacanos. Incluso menciona que se han realizado exploraciones en algunas de estas cuevas pero sin especificar más (Gallegos, 1997: 611).

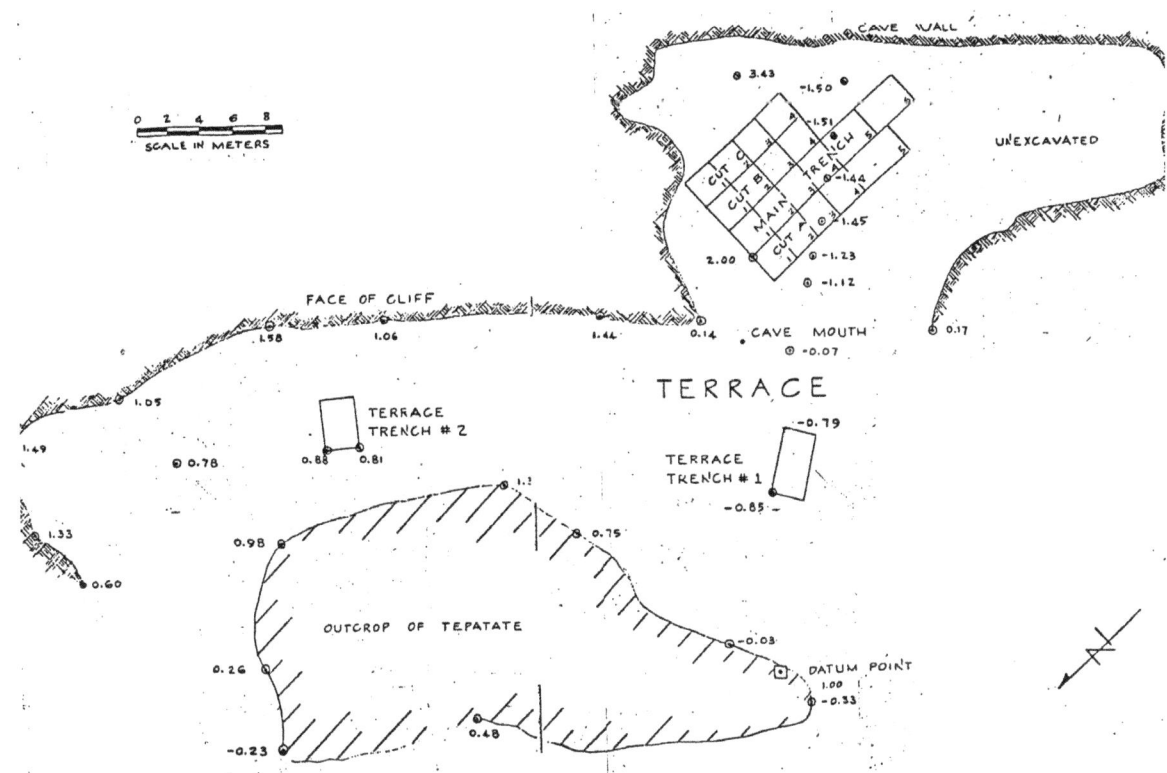

Fig. 9. Cueva de Huexoctoc, Oxtotipac, México (Obermeyer, 1963, fig. 4).

64, dirigido por Ignacio Bernal. Estos tres proyectos cambiaron no tan sólo la fisonomía de la ciudad sino el conocimiento de la misma. La planimetría intensiva de la ciudad llevada por el equipo de R. Millon y la prospección de todo el valle puso al descubierto nuevas facetas para la investigación arqueológica integrando la ciudad con su inmediata periferia. Uno de los objetivos comunes a los tres proyectos fue intentar hacer una cronología básica de esta cultura y sus diferentes etapas a lo largo del tiempo. Bajo estas premisas y desde la perspectiva de la ecología cultural de marcado carácter adaptativo y evolucionista, William Sanders intenta relacionar el origen de la propia ciudad de Teotihuacan con la ocupación de cuevas en el preclásico, en la lógica que de que antes de la construcción de la ciudad y del desarrollo de las sociedades complejas las poblaciones ocuparían las cuevas. Con esta intención fue programada la excavación de la cueva de Huexoctoc, en Oxtotipac. Situada en un área elevada y con un buen dominio del valle pudiera ser un lugar apropiado para localizar las primeras evidencias de ocupación en el valle.

El pueblo de Oxtotipac, *lugar de cuevas,* u Oxtoctípac según las fuentes históricas del s XVI, se encuentra situado a unos 7 kms en el noroeste del centro ceremonial de Teotihuacan. Es un pequeño pueblo cuyo núcleo principal se encuentra en la cima de una montaña. Se cree que la población de Oxtotipac funcionó en relación con el centro ceremonial como productores de alimentos para la gran urbe clásica[12] (Obermeyer, 1963). En dicho lugar se encuentra una cueva llamada Huexoctoc o la vieja cueva que se encuentra situada a 2, 350 mts s. n. m., muy cerca del actual camino de acceso al pueblo. La prospección del área situada alrededor de la cueva, había mostrado una secuencia cerámica de materiales desde el preclásico hasta el azteca. La excavación fue programada con la finalidad de conseguir muestras de polen para establecer la secuencia climática del valle y buscar secuencias de ocupación precerámica y de una fase de agricultura incipiente (Sanders, 1965: 5, Obermeyer, 1963: 6).

El inicio de las excavaciones en Huexoctoc, no proporcionaron el material que se deseaba sino que se tuvo que replantear la finalidad de dicha investigación con base a los materiales hallados[13]. Se definieron complejos cerámicos pertenecientes a fases aztecas, teotihuacanas y a un nuevo período intermedio perteneciente al Postclásico temprano que fue llamado Oxtotipac (750-800 d.C.)[14]. El propósito de encontrar fases pre-cerámicas se transformó en definir el nuevo complejo cerámico. Esta fase, Oxtotipac, se encuentra marcada por la existencia de rasgos teotihuacanos y toltecas pero a su vez parece ser independiente a ambos complejos culturales (Obermeyer, 1963: 53).

---

[12] Actualmente de poco más de 2200 habitantes y adscrito al municipio de Otumba (EdoMéx). Consulta INEGI, enero 2014.

[13] "... *Within the first week of excavation was quite obvious that the ceramic assemblage of Huexoctoc Cave was not comparable to the surface collection of the sourronding village area*". (Obermeyer, 1963: 8).

[14] Brevemente añadir que la independencia de este complejo de su antecedente cerámico teotihuacano y la posterior fase coyotlatelco de Teotihuacan ha sido defendido principalmente por Sanders.

El mayor interés de esta cueva corresponde a que conforma el lazo de unión entre el final de Teotihuacan como ciudad del clásico final y el inicio de la sociedad epiclásica. De esta manera, esta fase sugería que el fin de Teotihuacan no se conformaba como una ruptura y un abandonamiento brusco del sitio sino más bien, un cierto patrón de continuidad y a la vez de introducción de nuevos elementos cerámicos en la zona. Consecuentemente, el vacío cultural que se marcaba tras la caída del Teotihuacan clásico se transformaría en la adopción de nuevos modelos cerámicos del Postclásico temprano con una permanencia de los elementos pertenecientes al Clásico Teotihuacano. Estas excavaciones no tan sólo proporcionaron la identificación de un nuevo complejo cerámico sino que permitieron generar la idea de que las cuevas no son consecuencia de formaciones naturales sino que son construcciones artificiales[15]. Las cuevas funcionarían así, como lugares de aprovisionamiento del principal material de construcción que se utiliza en Teotihuacan: el tezontle.

2.4 La Cueva de la Pirámide del Sol

En otoño de 1971 mientras se realizaban obras de limpieza enfrente de la escalinata principal de la Pirámide del Sol, se descubrió la boca de un túnel que se prolongaba por debajo de dicha estructura. Este descubrimiento contribuyó a reafirmar el papel cosmogónico de la Pirámide y su importancia en el origen de la ciudad siendo el *axis mundi* de la ciudad. La consolidación del hallazgo fue encargada al Arqlgo Jorge Acosta[16]. Dicha cueva ha sido estudiada por diferentes autores de los que cabe destacar René Millon (Millon, 1988) y Doris Heyden[17] (Heyden, 1973, 1975, 1981, 1991). De esta última autora tenemos la siguiente descripción de la cueva:

> "The cave together with others in the valley, was former about one million years ago by lava flows which created bubbles that when new lava flowed over them remained as subterranean caves and often served as outlets for springs(F. Mooser personnal communication). The 100 meter long tunnel penetrating the grotto terminates in a four-petal- room chamber; two smalls branch off the tunnel about halfway along its length. The tunnel once was partitioned by a series of a wall that crossed from one side to another, forming successive chambers. These walls were almost completely destroyed long ago by vandals who broke through when rifling the cave. A spring once flowed inside the cavern, judging from the existence of ancient stone drainage pipes. The walls of lava rock were plastered with mud that has hardened over the centuries; no mural painting or decoration of any kind appears on these walls, although obsidian and pottery fragments, evidently used as a temper, have been found in the mud plaster. Part of an Aztec pulque vessel was found at the entrance to the tunnel, and a stone mask fragment was encountered at the tunnel itself, but these were not preserved and therefore cannot be considered. The few artefacts found in the end chamber are crude vessels, typical of the Tzacualli phase". (Heyden, 1981: 3)

Este descubrimiento empoderaba los argumentos de aquellos investigadores que proponían que el valle de Teotihuacan se constituía como una geografía sagrada. Para Heyden, la existencia de esta cueva se puede relacionar con el *Chicomostoc* o lugar de origen, así como para la realización de determinados ritos y celebraciones religiosas relacionadas con el agua, la fertilidad o ceremonias de investidura y oráculos (Heyden, 1973: 17, 1975: 144, 1981). René Millon no duda en declarar que la Pirámide del Sol se encuentra allí a causa de la existencia de esta cueva que sería el *axis mundi* de la ciudad y consolida el factor religioso como una de las principales causas para la selección del valle y de la propia disposición de la pirámide del Sol. En 1977, Drucker publica sus investigaciones sobre esta cueva haciendo énfasis en el aspecto calendárico de la misma vinculándola al mito mexica de la Creación del Quinto Sol[18] (Drucker, 1977), idea que es seguida por René Millon (Millon, 1988). George Cowgill también se muestra de acuerdo con esta premisa considerando que éste es el elemento clave para entender el origen de la ciudad. A pesar de que las excavaciones realizadas en *Huexoctoc* sugerían que las cuevas son construcciones artificiales, se mantiene la consideración de que eran formaciones naturales producto de la actividad volcánica[19] (Heyden,1973: 3; 1975: 131; 1981: 3; Millon, 1988: 110). Posteriormente, Annabeth Headrick considera que la cueva de la Pirámide del Sol pudo ser o puede tener aún por descubrir, una tumba real (Headrick, 2007: 10).

Esta idea ha ido permeando en otros mesoamericanistas que, asumiendo el binomio pirámide –cueva, habían considerado que es clave en la construcción socio cultural

---

[15] *"Of considerable interest however (and also explaining the lack of earlier occupation since we did located a pre-classic settlement in the vicinity) was the discovery that cave is not natural and apparently was a tezontle grave mine for construction materials at the urban site of Teotihuacan "*(Sanders, 1964: 5).

[16] Jorge ACosta falleció poco después dejando inconclusa sus investigaciones sobre esta cueva.

[17] Otra cita: "In his opinion -refiriéndose a Mooser- it is a natural formation as result of a lava flow that occurred more than a mllion years ago. As it flowed into the Teotihuacan Valley, bubbles was formed and when new lava flowed over them, the bubbles remained as a subterranean caves and often served as outlets for springs. The tunnel and four end chamber were formed as this way, although the latter show man-made modifications. In addition, two other chambers branch off on either side of the tunnel about midway. Ancient teotihuacan man also plastered the walls with mud and roofed parts of it with basalt slabs. Some of these slabs are in situ on part of the ceiling". (Heyden, 1975: 121).

[18] Citando a Headrick: "As discussed earlier, the mouth of the Sun Pyramid cave seems to have served as the location from which to view the most important astronomical event recognized by the Teotihuacanos. The sun set on the same spot on the horizon twice a year during the Tzacualli period (A. D. 50-150): April 29 and August 12. August 12 is the most intriguing because it is one day before August 13, the Maya day of Creation. Thus, Aztec legend holds that creation occurred at Teotihuacan, and the Maya day of Creation coincides with the sightline of sunset from the cave. These two factors substantiate Teotihuacan's participation within the greater Mesoamerican creation cycle; furthermore, the dates indicate that Teotihuacan shared in the calendarical tradition of Mesoamerica (Headrick, 2007: 158)".

[19] Es curioso que Heyden no se lo planteara pero el peso simbólico de la estructura de la Pirámide del Sol seguramente enfatizó el carácter sagrado y casual de la misma.

Fig. 10. La Pirámide del Sol (foto Miguel Morales. INAH-ZAT).

del paisaje fundacional (García-Zambrano, 2009). Sin embargo, dicha acepción no parece ser factible de la misma manera para la época fundacional de la propia cueva y de la pirámide del Sol. No en la manera en que se había interpretado tradicionalmente para el Clásico.

En el momento de su descubrimiento, Doris Heyden menciona las dificultades de tener una cronología fiable de la cueva debido a que ésta se encontró saqueada. Esta autora, siguiendo una apreciación de Rene Millon considera que la cueva fue cerrada para Tlamimilolpa tardío[20] Por otro lado, algunos elementos tales como los muros de subdivisión que la autora detecta, se localizarán también en la Cueva II y en la Cueva V del sector III (Basante, 1986, Moragas, 1995). Su funcionalidad parece estar circunscrita al cierre de un espacio interior, realizado en la ceremonia de clausura de las cuevas.

En estos últimos años se ha avanzado mucho en la comprensión del proceso de construcción de las Pirámides del Sol y de la Luna. Si tradicionalmente se había considerado que el diseño de la ciudad venía ya conceptualizado desde un inicio, hoy en día podemos decir que sí, de manera genérica, pero ya no con la rotundidad del principio. Estamos de acuerdo que es un proceso rápido pero no desde el origen mismo de la ciudad. Las excavaciones de Rubén Cabrera y Saburo Sugiyama en la Pirámide de la Luna, o las más recientes de Alejandro Sarabia y Saburo Sugiyama en la Pirámide del Sol, nos muestran que ambas pirámides se construyeron progresivamente[21] (Cabrera y Sugiyama, 2004; Sugiyama y otros, 2013).

Años después, en la década de los noventa, Luis Barba analizó las características geológicas de la zona de cuevas y tras aplicar técnicas geofísicas y análisis estratigráficos concuerdan que es factible que la excavación de las cuevas fuera para obtener materiales para la construcción. Es decir que son simples canteras. Para este investigador, la ciudad está dónde y cómo está, debido a las condiciones geológicas que permiten la construcción de la misma. Todo ello contribuirá a dilucidar las preguntas iniciales de Mooser y Millon que, a mitad del siglo XX, no terminaban de entender la situación del centro ceremonial de la ciudad dado al encontrarse más alejada de las zonas de cultivo.

Luis Barba considera que la cueva se construyó mientras se estaba construyendo la Pirámide del Sol y aún más, cuando la plataforma adosada fechada para el 250 d.C., ya estaba construida[22]. De esta manera, la cueva sería posterior a

---

[20] *Millon (com pers) feels that about the pottery and plaques-except for an Aztec fragment, wich may have slipped into the cave entrance on recent excavation-may date from the Tlamimilolpa phase (AD 250-450) and that the cave could have been sealed in the late Tlamimilolpa, perhaps by the staircase of the structure called the Adosada to added to the pyramid's west side"* (Heyden, 1981: 134)

[21] En diciembre de 2013, el Proyecto de la Pirámide del Sol bajo la dirección de Alejandro Sarabia y Saburo Sugiyama sigue abierto por lo que los avances de la misma se esperan en los próximos meses.

[22] "Por lo anterior, es probable que el túnel se haya excavado cuando se tuvo muy adelantada la construcción de la Pirámide del Sol, tan es así que ya existía la plataforma adosada, puesto que la entrada al túnel y a la cámara está fuera de ésta" (Barba, 2010: 54).

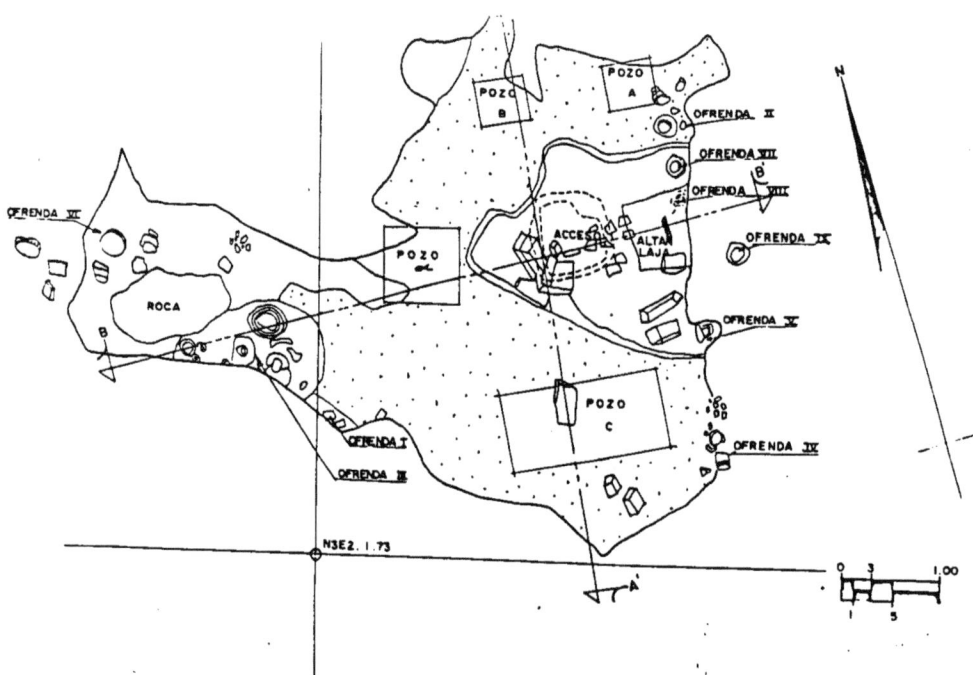

Fig. 11. Planimetría de la Cueva Astronómica (Soruco, 1985).

las fases iniciales de Teotihuacan (Barba, 2010: 54). O dicho de una manera más directa, la cueva no formaría parte del axis mundi originario que supusieron Heyden y Millon en los años de su descubrimiento. Ello cambia la conceptualización temprana de la cueva de la Pirámide del Sol como el centro originario de la ciudad. Siguiendo este razonamiento, Barba considera que los movimientos poblacionales, consecuencia de las erupciones volcánicas del Altiplano central, son claves para entender la ocupación de Teotihuacan. Para este autor, se pueden vincular los grandes proyectos arquitectónicos de la ciudad con las oleadas de gentes que huyen de zonas volcánicas y con el crecimiento del centro urbano[23].

2.5 El Proyecto Teotihuacan 80-82: La Cueva Astronómica

El segundo macroproyecto de la administración mexicana fue el Proyecto Teotihuacan 80-82 que finalmente, bajo la dirección de Rubén Cabrera, acometerá un gran proyecto que permite entre otras cosas, seguir avanzando en el patrón urbanístico y arquitectónico del centro de la ciudad.

Aunque no estaba contemplado el estudio de las cuevas lo cierto es que durante dicho proyecto se realizaron algunas exploraciones derivadas del desarrollo del mismo. Tal vez el más relevante fue el descubrimiento de la denominada Cueva Astronómica. Como parte de las obras de salvamento para la construcción de un centro comercial situado a escasos 300 mts al sureste de la Pirámide del Sol se halló una cueva con connotaciones religiosas y astronómicas[24] (Basante, Múnera y Soruco, 1982; Basante, 1986; Soruco, 1985, 1991).

Aproximadamente por esas mismas fechas y, a consecuencia de los trabajos realizados en 1982-83, se presentó poco después otra tesis referida a la ocupación en cuevas en Teotihuacan (Basante, 1986). Se realizó la prospección de la parte norte del valle con la finalidad de:

1. Determinar la secuencia ocupacional desde los principios de Teotihuacan hasta nuestros días. Para ello define la problemática de determinar la función de las cuevas y cuantos grupos culturales las ocuparon y en que modo.
2. Realizar la topografía de las mismas tomando en cuenta observaciones ecológicas y geográficas. Recogida de material de superficie y en los casos que fuera posible realizar pozos de sondeo y alguna excavación extensiva.

En total se estudiaron 16 cuevas que sirvieron para definir dos períodos principales de ocupación: una para el Preclásico tardío hasta finales del Clásico (500ac-700/750 d.C.) y otra fase que iría desde el Postclásico, Conquista y hasta la actualidad (a partir de700/750 d.C.) (Basante, 1986: 4).

Se establecieron tres áreas principales de trabajo:

---

[23] "Las fechas de las erupciones obtenidas recientemente nos permiten ahora plantear que los movimientos poblacionales se pudieron dar en forma de oleadas siendo las primeras en llegar a Teotihuacan a principios del primer siglo de nuestra era y puede asumirse que fueron las encargadas de erigir las grandes pirámides. El siguiente grupo pudo haber sido desplazado del área de Topilejo alrededor de 200 d.C.y llegar a Teotihuacan para contribuir en la construcción de la Ciudadela y el Templo de Quetzalcoatl. Finalmente los desplazados de la erupción del Xitle llegan aproximadamente en el año 300 d.C.para participar en la construcción de las unidades habitacionales (Barba, 2010: 137)".

[24] Trataremos la descripción de esta cueva en el próximo capítulo ya que se concentra en el conjunto ceremonial

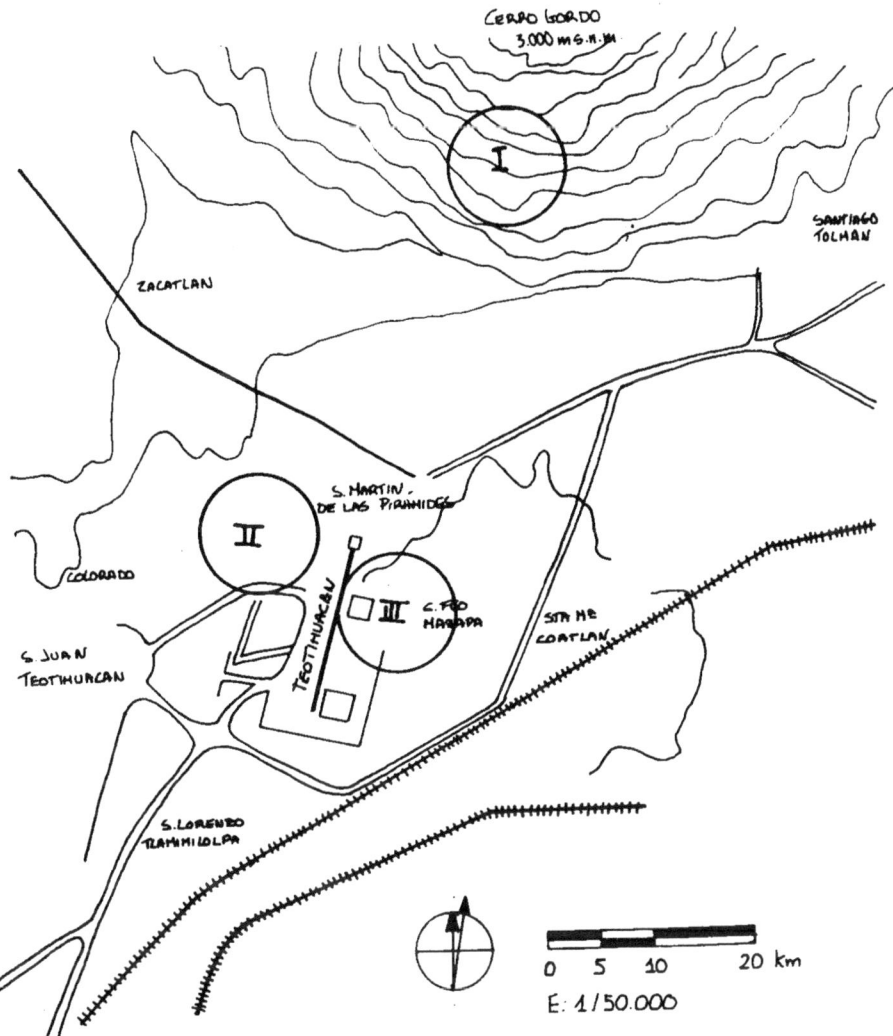

Fig. 12. Áreas de trabajo (Basante, 1986).

I. Norte del Valle-Barrancos del Cerro Gordo
II. Noroeste del Valle, en el ejido de Purificación, Cozotlan y Oztoyahualco
III. San Francisco Mazapa-Pirámide del Sol

Finalmente para impartir la asignatura "Técnicas de excavación" de la ENAH se desarrolló un Proyecto de investigación que comprendía la prospección y excavación de cuevas situadas al sur del valle, en un área no explorada anteriormentlocalizaron dos cuevas: una con material preclásico y otra con material postclásico (Cabrera, 1986). Lamentablemente tan sólo se realizó una campaña de prospección en esta área sin poder seguir con la excavación de las mismas.

2.6 Estudio de Túneles y Cuevas en Teotihuacan. IIA-IG-UNAM

En 1987, un equipo conjunto de arqueólogos y geofísicos de la UNAM dirigidos por la Dra. Linda Manzanilla (IIA-UNAM) realizaba un proyecto interdisciplinario para estudiar el sistema de cuevas y túneles identificados en la ciudad. En una primera etapa de estos trabajos se realizó un estudio geofísico del área norte de la ciudad-Oztoyahualco y el este de la Pirámide de la Luna-mediante técnicas magnetométricas, gravimétricas y eléctricas. Los resultados de dichos análisis permitieron determinar la existencia de un sistema de túneles y cuevas que parte del noroeste del valle y que llega hasta la región este de las Pirámides el Sol y de la Luna. Además de los estudios geofísicos, una segunda parte del Proyecto consistía en corroborar algunos aspectos de la integración de dichas cuevas y túneles en la vida de los teotihuacanos. Para ello se establecieron los siguientes puntos de análisis:

- La importancia de las cuevas para determinar la ubicación de la ciudad original en esta porción del valle y en particular, su relación con los conjuntos de tres templos como exponentes del urbanismo inicial teotihuacano.
- La importancia ideológica en relación con los ritos de fertilidad de la tierra y ritos funerarios.
- Su probable importancia económica como lugares de almacenamiento y fuentes de aprovisionamiento de materiales de construcción.
- Su posible importancia hidrológica, en relación con la presencia de manantiales (Manzanilla, 1990: 172).

Uno de los resultados más notables fue la confirmación de algunas hipótesis y apreciaciones anteriores sobre el origen

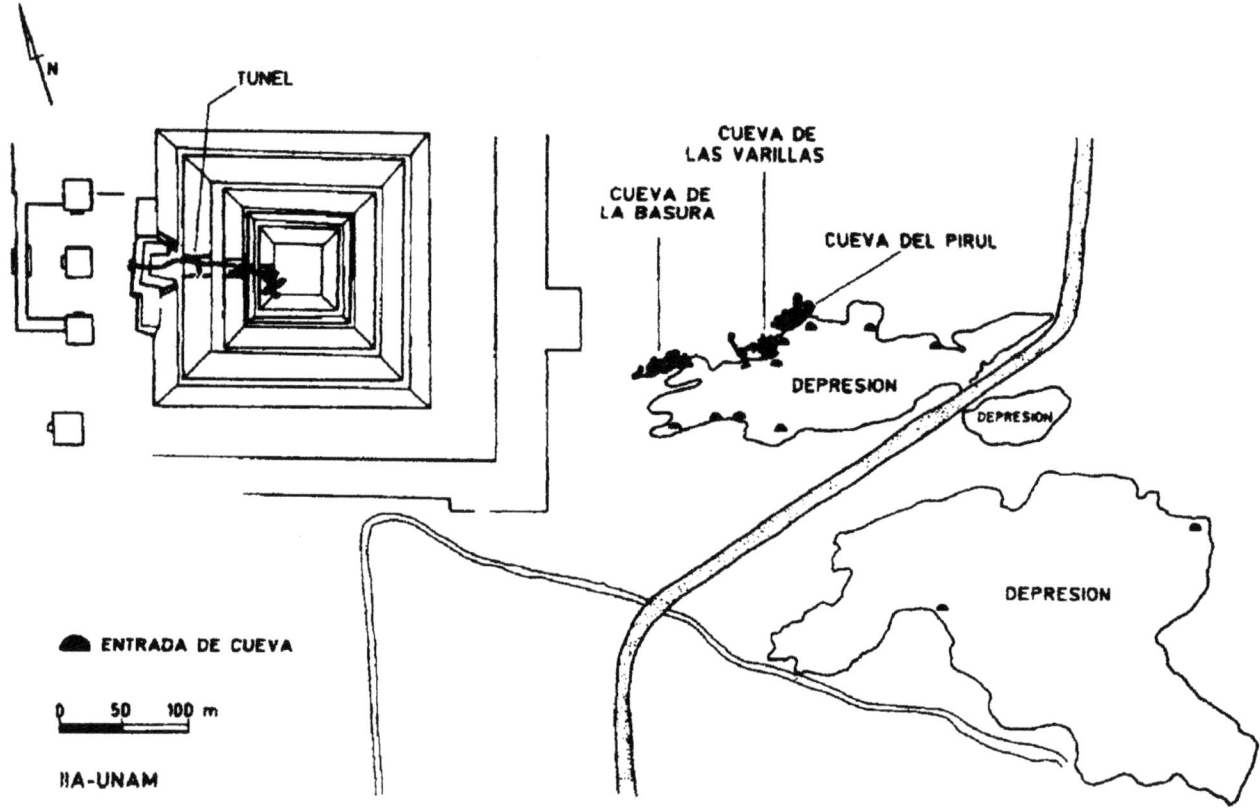

Fig. 13. Excavaciones del IIA-UNAM en las cuevas situadas al este de la Pirámide del Sol (Manzanilla y otros, 1996: 247).

artificial de las cuevas, pero que no se habían sistematizado de manera científica. Las características de las cavidades no son de origen natural sino consecuencia de las excavaciones sistemáticas realizadas por los teotihuacanos durante las fases Patlachique – Tzacualli; es decir, entre el 150 ac y el 150 d.C. Linda Manzanilla propuso que existe una relación arquitectónica entre los conjuntos de tres templos y dichos túneles[25]. Algunos de los planteamientos se basaban en la premisa de que en los estudios de los túneles y las cuevas se podrían encontrar los registros más tempranos, quizá incluso pre teotihuacanos, que nos indicaran los procesos iniciales de construcción de la ciudad antigua. Es un punto clave ya que las continuas remodelaciones arquitectónicas hacen muy difícil poder tener contextos anteriores a Miccaotli en la zona urbana, por lo que podría ser factible que se pudiera encontrar contextos pre urbanos. Sin embargo, pronto se reveló que algún tipo de casuística sociocultural muy particular se desarrolló en Teotihuacan y que afectó a las cuevas analizadas por Manzanilla. Concretamente, no se pudieron encontrar contextos arqueológicos anteriores al Clásico por lo que estudiar los procesos iniciales de los teotihuacanos no era factible. En contrapartida, se descubrió que ofrecían una gran oportunidad para estudiar las fases posteotihuacanas y el re-uso de las cuevas para las fases coyotlatelco, mazapa y azteca.

Según Gamboa y otros, el área este de la Pirámide del Sol sería una de las áreas principales de ocupación coyotlatelca (Gamboa, 1998)[26]. Los trabajos de Manzanilla prueban el impacto que tuvieron las cuevas para los grupos epiclásicos y posclásicos y su reinvención en un contexto sociopolítico muy distinto[27]. Sobre este aspecto incidiremos posteriormente.

En términos generales, las cuevas estudiadas por Manzanilla que corresponden principalmente a las denominadas Cueva de la Basura, Cueva del Pirul y Cueva de las Varillas muestran un proceso estratigráfico general común. En estas cuevas nos interesa especialmente un nivel ocupado por áreas de actividad coyotlatelco y/o enterramientos mazapas (Manzanilla y otros, 1996: 247). Resulta interesante que la misma secuencia se va a encontrar en la cueva III, que aquí vamos a tratar con más detalle. Otra cuarta cueva, la Cueva del Camino, tuvo una importante ocupación azteca (Manzanilla y otros, 1996: 248). La Cueva de la Basura tuvo una importante ocupación coyotlatelco en la que se encuentran tanto áreas de actividad como áreas rituales. La variedad de la cultura material coyotlatelco involucra tanto

---

[25] En el momento en que escribía Manzanilla se consideraba que los Conjuntos de tres templos eran los ejemplos de la arquitectura temprana en Teotihuacan por lo que se asociarían ambos aspectos. Sin embargo, hay que recordar las excavaciones en el grupo 5' mostraron que, cuando menos, ese conjunto se construyó en fase Miccaotli, ligeramente más tardío. Aunque es factible que hayan conjuntos de tres templos anteriores, lo cierto es que el grupo 5' es el único que se ha excavado en profundidad.

[26] Para este investigador se pueden determinar cinco núcleos de ocupación coyotlatelca que se encontrarían, además del mencionado en el texto principal, en el área del oeste del gran Conjunto, en Oztoyohualco y los túneles del noroeste, y otro gran grupo en las actuales poblaciones de San Juan Teotihuacan, Purificación y Maquixco (Gamboa, 1998: 268).

[27] Para las fechas que estamos redactando aún no ha salido la monografía de este proyecto aunque sí que contamos con numerosos artículos publicados por la Dra. Manzanilla y los miembros de su proyecto, que usaremos para este libro.

Fig. 14. Cámara 1 de la Cueva del Pirul, entierros infantiles (Manzanilla, López y Freter, 1996: 254).

cerámicas, como objetos de hueso, *omechicahuatztle*[28], cráneos recortados, mica, pendientes…. A pesar de la importancia de la ocupación coyotlatelca, esta cueva proporcionó una fecha radiocarbónica de 80 d.C. (Beta-69912) asociada a los procesos de excavación de los túneles. Para las fases clásicas se encontraron indicios muy perturbados con materiales revueltos de actividad ritual[29] (Manzanilla y López, 1998: 1614). La cueva de las Varillas resultó tener una mayor complejidad cultural ya que se encontró una secuencia que iba desde época contemporánea hasta fases teotihuacanas.

La importancia de la ocupación epiclásica y postclásica en el este de la Pirámide del Sol se reafirma en la excavación de la Cueva de las Varillas con evidencias de distintas actividades vinculadas a actividades rituales, funerarias y de almacenamiento. En esta cueva de preparaban y consumían alimentos, se trabajaba la madera y el hueso… en fin todas aquellas actividades asociadas a una ocupación continuada de la cueva. Cabe destacar la cámara funeraria ocupada por 13 entierros datados en el coyotlatelco tardío y el mazapa (Manzanilla y otros, 1996: 250) La tercera cueva de esta área, denominada Cueva del Pirul, muestra una importante ocupación azteca fechada entre el 1410-1435 d.C. que cubre un nivel de entierros fechados entre el 550 y el 885 d.C. La cerámica asociada corresponde a tipos cerámicos coyotaltelco rojo-sobre –bayo, cajetes hemiesféricos rojos y cafés, cuencos Jiménez Café sellado, decoraciones al negativo, macana rojo sobrecafé, macana rojos sobre café en negativo, Artesia café inciso[30]… (Manzanilla y otros, 1998: 1620-1618). En ambos casos, se cree que la ocupación de estas cuevas para las fases del epiclásico –transición al postclásico tempranos es contemporánea a los entierros de la cueva III.

En resumen, las investigaciones realizadas por Manzanilla y su equipo reposicionaron el panorama académico sobre las fases posteotihuacanas ya que se hicieron avances muy significativos en la cronología, la tipología cerámica y la identidad migratoria de estos grupos posteotihuacanos. Las dataciones mostraron cronologías mucho más tempranas que lo que se asumía tradicionalmente con una ocupación coyotlatelca que iría desde el 550 d.C. hasta el 850/900 d.C. (Manzanilla y otros, 1996). Los estudios de genética aplicadas a algunas muestras de individuos, mostraron que su patrón genético era distinto al de las poblaciones clásica teotihuacanas (Manzanilla, 2005: 268; Price y otros, 2000; Vargas y otros, 2000). Ello sirvió para argumentar que el saqueo hubiera sido realizado por estas poblaciones. Particularmente considero que el saqueo forma parte de una tradición mesoamericana más amplia y común a diversos pueblos en la que tanto teotihuacanos como coyotlatelcos comparten. También permitieron avanzar de manera significativa en el conocimiento de los usos y rituales que hicieron las poblaciones epiclásicas y postclásicas en Teotihuacan, aspectos que trataremos en capítulos posteriores.

Resumiendo, los aspectos principales de este capítulo se han centrado en una recopilación bibliográfica de los principales trabajos realizados sobre la ocupación en cuevas de Teotihuacan. Como hemos dicho en la introducción a este capítulo, la información se presenta a menudo dispersa tanto por la antigüedad de los informes como por las condiciones en que se localizaron dichas cuevas, por lo que los datos proporcionados son irregulares en su contenido. No hace falta recordar que muchas veces las cuevas aparecen como parte de un interés colateral sobre otra problemática de investigación.

No tenemos muchos datos sobre las excavaciones realizadas en la primera mitad del siglo XX, a menudo por causas ajenas a los mismos investigadores.[31] Por otro lado hay que tener en cuenta que por aquellas fechas las prioridades en la línea de investigación se centraban en sentar las bases arqueológicas y características principales de la cultura teotihuacana con lo que las cuevas se reducían a aportar algunos datos para afinar tipos cerámicos sobre todo tardíos[32]. Esta situación cambia ligeramente con las exploraciones llevadas por Sanders en el Valle de Teotihuacan. El proyecto de excavaciones en la cueva de Huexoctoc se integró con la finalidad de intentar establecer las fases de ocupación más tempranas en el valle. Los resultados no son los esperados pero proporcionan las bases para una nueva tipología cerámica para las fases posteotihuacanas: la cerámica Oxtotípac[33].

---

[28] Instrumentos musicales realizados con los huesos largos de seres humanos y/o de animales.
[29] Manzanilla menciona la presencia de cerámica pintada al fresco, mica, lítica, calotas humanas redondeadas, pendientes de ónix, semillas de capulín, agujas, machacadores fechados entre 350-550 d.C.
[30] Avanzamos que estos tipos también se van a encontrar la Cueva III.

[31] A menudo las referencias son indirectas y reducidas al texto del informe, a menudo mecanoscrito. En ocasiones los mapas que acompañaban a los informes se encuentran en muy mal estado, tan solo queda fotocopias de muy mala calidad o simplemente han desaparecido.
[32] Como hemos tratado en el capítulo I, recordar tan sólo que en esta fechas Armillas establece la cronología en Teotihuacan y apenas se están estableciendo las bases de la tipología teotihuacana en la cerámica, lítica, pintura mural y patrón de enterramiento.
[33] Este tipo cerámico fue defendido vivamente por William Sanders en el seminario realizado en 2005 en ciudad de México.

A fines del siglo XX, una nueva etapa en las investigaciones arqueológicas se abrió con los nuevos proyectos. Un cambio se establece con el descubrimiento de la Cueva de la Pirámide del Sol y seguirá con el estudio arqueoastronómico de la cueva localizada a escasos 300 mts al sureste de la Pirámide del Sol (Heyden, 1973, 1975, 1981, 1991; Soruco, 1985, 1991). A partir de estas fechas, las cuevas se integran en la arqueología teotihuacana como parte de la cosmovisión y no tanto con la finalidad de dar tipologías de material arqueológico.[34] En la discusión subsiguiente se introducen temas nuevos tales como: el papel de la cueva en el trazado de los principales edificios y su relación con los marcadores astronómicos. El papel de esta cueva con la arquitectura y el simbolismo de la cámara cuatrilobulada con la iconografía de la flor de cuatro pétalos. El descubrimiento de la cueva astronómica culmina con esta tendencia. Los teotihuacanos se desvelan como los constructores de observatorios subterráneos relacionados con los ciclos agrícolas que funcionarían como instrumentos calendáricos.

Una nueva etapa se ha iniciado con los nuevos descubrimientos aparecidos en el marco del Proyecto Especial Teotihuacan 92-94 y el Proyecto coordinado por la Dra. Linda Manzanilla del IIIA-UNAM. La publicación de los resultados de estas últimas campañas proporcionara datos más completos donde los análisis interdisciplinarios tendrán, en mi opinión, aspectos clave para una interpretación global de la ocupación subterránea en Teotihuacan.

---

[34] Resulta interesante leer la discusión transcrita que mantiene D. Heyden con varios de los asistentes a la conferencia impartida por dicha arqlga en Dumbarton Oaks el 16 de octubre 1976. En ella se ve que la tónica de las preguntas todavía se mantienen en vigencia para los actuales descubrimientos(Heyden, 1988: 36-39).

Capítulo 3

Excavación del Conjunto Ceremonial Subterráneo

3.1 Antecedentes del área: la excavación de la Cueva astronómica

El área de excavación se encuentra en el cuadrante N3E2 del mapa realizado por René Millon, en un área urbanizada situada a unos 270 mts al sureste de la Pirámide del Sol y con una cota de 2285-2290 mts s. n. m. (Millon, 1973). Según la planificación del proyecto Teotihuacan 80-82 se preveía la construcción de un centro comercial en esta área, compuesto por una serie de pequeñas tiendas y un área de servicios para lugares de comida y asistencia a visitantes[1]. De acuerdo con la normativa vigente se realizaron las excavaciones arqueológicas pertinentes que tuvieron como resultado más destacable el descubrimiento de una cueva (Basante, Múnera y Soruco, 1982; Basante, 1986, 1991). Enrique Soruco Sáenz realizó una investigación más detallada de la cueva como parte de su tesis de licenciatura. De acuerdo al conocimiento que se tenía en la época y a las propuestas teóricas metodológicas del momento sobre la cultura teotihuacana se consideró que la cueva tenía un origen natural como consecuencia de la actividad volcánica del Cerro Gordo[2] (Mooser, 1968). Dicha actividad volcánica generó un vacío de 6.5 mts en eje este-oeste y de 5 mts en eje norte-sur al cual los teotihuacanos accedieron al mismo mediante una abertura tallada en la roca de 0.75 mts. La cueva estaba compuesta por conglomerados de rocas basálticas y piedras de tezontle rojas y grises y presentaba intrusiones posteriores a su periodo de uso principal durante el Clásico.

La secuencia estratigráfica se presentaba alterada en sus capas superficiales con materiales modernos y coloniales. Los niveles prehispánicos se encontraron a -1.50 mts de profundidad con la presencia de niveles aztecas. Al parecer, debajo del orificio de entrada se determinaron 12 lajas que pudieron funcionar como reguladoras del paso de la luz. Dichas lajas se encontraron sobre 10 fémures humanos perforados (Morante, 1996: 170 citando a Soruco, 1985: 28). A -4.00 mts de profundidad se halló un piso teotihuacano en dónde se identificó un altar ceremonial. El altar está compuesto por un ixtapaltete (laja de basalto) de

Fig. 15. Laja-altar de la Cueva Astronómica (foto de la autora).

0.70 mts de largo por 0.25 mts de ancho y de 0.01-0.02 mts de grosor clavada en una base cuadrangular.

Constructivamente, la base de la laja –altar está hecha con una base de tierra suelta color café oscuro mezclada con tepetate recubierto con una capa de arcilla fina (Soruco, 1982: 2). A su alrededor se encontró una ofrenda compuesta por cerca de 80 vasijas en buen estado de conservación fechadas en la fase Tlamimilolpa. Se realizaron pozos de sondeo rompiendo el piso teotihuacano que proporcionaron materiales cerámicos de esta fase con fases anteriores. En la esquina noroeste del altar se localizó una ofrenda de 20 navajillas de obsidiana verde sin usar que Rubén Morante relaciona, en estudios posteriores, con el *Tonalpohualli* (Morante, 1996: 170).

Tomando como punto de partida el eje principal del orificio del techo de la cueva, se procedió a realizar cuatro calas orientadas a los cuatro puntos cardinales con la finalidad de determinar si había estructuras arquitectónicas asociadas.

---

[1] A pesar de que se construyeron dichos edificios, lo cierto es que nunca se ocuparon por cuestiones derivadas de los posicionamientos opuestos entre la dirección de la zona arqueológica y el sindicato de vendedores ambulantes, por lo que no se llegaron a utilizar, Dicha problemática seguía en los años 90 y el intento de nuevo por parte de la administración de la zona arqueológica en reubicar la venta ambulante acompañado de un proyecto más ambicioso de rediseño de espacios en el que se imbrica la investigación que aquí se refiere. Tampoco se llegó a ningún acuerdo. Al final, con la gestión de Alejandro Sarabia como director de la zona arqueológica se destinó estos espacios para el uso de investigadores y proyectos.

[2] Recordemos que desde el Proyecto de la Dra. Manzanilla se determinó el carácter artificial de las cuevas y los túneles de manera científica.

Fig. 16. Día del paso cenital solar mayo 1994 (foto de la autora).

Se localizaron algunos canales que pudieron formar parte de una subestructura[3].

Enrique Soruco propuso que la cueva fue construida a fines de Miccaotli o principios de Tlamimilolpa y abandonada para Xolalpan –Metepec (Soruco, 1991: 292). Las características propias del altar, con una laja clavada en el basamento y la propia forma de la cueva, excavada en la roca, en forma de botellón hicieron considerar que pudiera tener una función astronómica[4]. Es por ello que, gran parte del año 1982 y 83 se realizaron observaciones del curso del sol en el interior de la cueva trazando, diariamente, con cal la trayectoria del la luz solar en el interior de la misma[5]. La interpretación de Enrique Soruco es que dicho altar tendría una funcionalidad astronómica de carácter calendárico vinculado con el ciclo de cosechas (Soruco, 1991: 293).

Posteriormente, Rubén Morante estudiaría también dicha cueva en el marco de un proyecto más amplio sobre los observatorios subterráneos mesoamericanos conocidos por aquel entonces: Teotihuacan, Xochicalco y Monte Albán. Para este investigador, estos observatorios marcan el periodo de 260 días o Tonalpohualli y con un interés particular en detectar los pasos cenitales solares (Morante, 1995: 60).

Dicha interpretación reforzaba el papel de una teocracia gobernante para Teotihuacan. Hay que recordar que en los años ochenta aún no se había comprobado el papel de las ofrendas sacrificiales humanas en Teotihuacan y que subsistía la idea de una sociedad gobernada por un sacerdocio altamente especializado[6] y unas clases sociales sometidas a dicho poder. El conocimiento astronómico reforzaba el poder ideológico de las elites teotihuacanas con un componente religioso y agrícola. De esta manera, las élites controlarían y marcarían los momentos exactos de plantar y cosechar el maíz. Por lo tanto como los que garantizaban tanto la transmisión de este conocimiento y en consecuencia ejercerían esa sabiduría como parte de ejercicio de su poder dentro de la ciudad sobre el resto de la población.

3.2 La excavación de las dos cuevas durante el Proyecto Especial Teotihuacan 92-94

En marzo de 1993 se iniciaron los trabajos de excavación en el área de acceso nº 5 que permite el acceso a los visitantes al área de la Pirámide del Sol y del Museo de sitio[7]. El encargo de dicha excavación se motivaba por la necesidad de remodelar el espacio construido en el proyecto 80-82 y la construcción de una nueva área de acceso subterráneo. De esta manera se pretendía conseguir un mayor control en el acceso a la zona por parte de los visitantes y reacomodar los vendedores ambulantes en las estructuras construidas desde

---

[3] "Se podría decir que es una sub-estructura ya que esta dentro de una gran plataforma, forma una cuadrángulo de aproximadamente 49 m2 alrededor de la boca de la cuevas (en forma de pequeño patio), los canales sirvieron para desaguar este lugar en un mismo punto y así evitarla inundación de la cueva (Soruco, 1982: 2-3)".
[4] Sobre los observatorios subterráneos hablaremos posteriormente con mayor detalle.
[5] "Aparte de las posiciones astronómicas que tienen relevancia general en Mesoamérica: los solsticios, equinoccios y tránsitos cenitales, Soruco destaca otras dos: el 9 de febrero/1 de noviembre y el 24 de mayo/20 de julio (….) para el 20 de julio observa que el altar se ve perfectamente enmarcado con la proyección solar de la chimenea (en Morante, 1996: 171)".
[6] En la década de los ochenta y principios de los noventa aún subsistía la idea de una teocracia gobernante en Teotihuacan. Las excavaciones del Templo de la Serpiente Emplumada estaba en proceso de análisis y, a pesar de que evidenciaron de manera irrefutable la presencia de sacrificio humano, sí que había todavía que evaluar el impacto que supuso en la percepción de un cambio del modelo de gobierno de Teotihuacan que se empezó a suscitar sobre todo a partir de la segunda mitad de la década de los noventa del siglo pasado.
[7] El nuevo Museo de sitio se construyó dentro del Proyecto Especial 92-94.

Fig. 17. Imagen general de la excavación. En primer plano, el muro perimetral de cierre del conjunto (foto de la autora).

los años 80. Dado que las obras implicaban excavaciones profundas con la construcción de un acceso subterráneo, la sección de Salvamento arqueológico diseñó un pequeño proyecto de intervención arqueológica destinado a registrar cualquier elemento destacable. La zona de intervención se encontraba afectada por obras de ajardinamiento, drenajes y aterrazamientos por lo que había que tener en cuenta la notable afectación del sitio.

La zona real de excavación se encontraba muy limitada por el espacio no construido y ceñida a las necesidades del proyecto arquitectónico por lo que la previsión inicial sugería que sería una intervención rápida. Para ello se constituyó un equipo compuesto por un arqueólogo (la que subscribe) y 8 trabajadores de la zona arqueológica. Como suele suceder en arqueología, los resultados de los primeros días de trabajo desembocaron en un proyecto de investigación que perduró durante 7 meses de trabajo de campo y 7 meses de análisis de materiales y redacción de mi tesis de licenciatura.

El 23 de marzo de 1993 se iniciaron los trabajos de excavación aplicando la metodología al uso en la zona arqueológica. Dado que la previsión del tiempo a disponer en esta intervención era más que suficiente se optó por abrir en extensión. Se estableció una cuadrícula de 2.00x 2.00 mts orientado al norte teotihuacano (15° E) desarrollándose a lo largo del muro que delimita en su lado oeste a la Cueva Astronómica. Se enumeraron los cuadros siguiendo los ejes norte-sur –este –oeste y así sucesivamente hasta llegar a cubrir toda el área por excavar. Como era de esperar, la estratigrafía tenía poco potencial arqueológico prehispánico tanto en la viabilidad de encontrar contextos intactos como por la profundidad del estrato ya que el tepetate se encontraba detectado a poco más de 0.50 mts de profundidad. Los materiales por lo tanto se presentaron,

Tab 1 Estratigrafía exterior de las cuevas

Capa I 0-0.10 mts	Losetas de cemento de forma poligonal.
Capa II 0.10-0.20 mts	Capa de gravilla. Estéril.
Capa III 0.20-0.40 mts	Firme de tepetate colocado de manera irregular. Se observa material contemporáneo como restos de basura, plástico y latas conjuntamente con material arqueológico.
Capa IV 0.40-0.50 mts	Tierra vegetal color marrón oscuro (7.5 YR3/4 *dark brown*). Presenta una suave inclinación hacia el lado sureste dónde el tepetate a mayor profundidad (-0.60).

con evidencias de la propia actuación arqueológica de los ochentas así como de la remodelación posterior con capas regulares aportadas por las obras de remodelación realizadas por aquel entonces.

El tepetate se encontró de forma irregular presentándose a 0.30 mts de profundidad en su lado noroeste y descendiendo hasta 0.60 mts en el lado sureste. Se localizaron oquedades, algunas de origen natural por resquebrajamiento de la capa de tepetate y en otros casos artificiales como el tendido telefónico que recorría el área de este a oeste. Información recabada posteriormente nos confirmó que toda el área fue alterada en el anterior Proyecto 80-82 que implicaron movimientos de tierras que sirvieron para crear los desniveles artificiales del terreno.

Se localizó la continuación del muro perimetral que rodea la Cueva I que delimita un espacio cerrado por todos sus lados, a excepción del lado sureste, donde se ubica el probable acceso al interior de las cuevas. Este dato se ha tomado del informe de excavación realizado en los años ochenta ya que actualmente en ese punto se encuentra uno de los locales de venta de artesanías (Soruco, 1982). El muro perimetral se encuentra en muy mal estado de conservación pero se puede inferir que nos encontramos con un muro de gran grosor, de hasta 2, 20 mts de ancho, con talud -tablero que rodea el recinto creando una pequeña plaza hundida.

En el lado noroeste del muro perimetral, alejado unos 10 mts, se definió un muro de características muy diferentes a los normalmente encontrados en Teotihuacan. Se trata de un muro formado por grandes piedras sin carear que desplanta directamente del tepetate. Sus dimensiones son de 1, 30 mts de largo por. 00 a 1.15 mts de ancho y aproximadamente 0.60 mts de alto. No parece encontrarse directamente asociado a ninguna estructura arquitectónica. En el momento en que se realizaron las excavaciones no se le supo dar ningún tipo de explicación. Esto muros burdos de este tipo han sido tradicionalmente denominados como "muros aztecas" no tanto por la filiación cronológica sino más bien para definirlos como no-teotihuacanos. Estudios posteriores consideran que estas estructuras pueden estar asociadas otros procesos como parte de la desmantelación de los edificios[8]. Dado que el perímetro de la excavación estaba muy afectado por las diferentes obras realizadas no es posible ver si existiría alguna asociación directa entre dicho muro y alguna construcción cercana[9].

A poco más de 10 mts en dirección noreste respecto la Cueva I se localizaron dos fosas de forma circular. La primera que se exploró presentaba unas dimensiones de 0.65 mts en eje norte-sur, 0.70 mts en eje este-oeste y unos 0.40 mts de profundidad. Se encontraba rellena de polvo de tepetate pulverizado de la misma consistencia del utilizado en la construcción moderna. Se presentó estéril de material arqueológico.

La siguiente fosa que se exploró presentaba las mismas características, a excepción del tipo de relleno compuesto por tierra de consistencia arcillosa y de color marrón oscuro (7.5R *very dark reddish brown)*. Encima de ella reposaba una piedra careada de tamaño regular. Las dimensiones de esta fosa son ligeramente mayores que la anterior: 0.70 mts en eje norte-sur y 0.75 mts en eje este-oeste. Al proceder a

la excavación por capas métricas de 10 cmts, se observaron restos de un apisonado de cal de factura tosca con gravillas. Tras retirar unos 20 cms de esta tierra se encontró un relleno compuesto por cascajo, fragmentos de tezontle rojo y de apisonado conjuntamente con este tipo de tierra. A medida que se iba profundizando la excavación la tierra se presentaba más suelta, más húmeda (7.5 R *reddish black)* y con la presencia ocasional de material arqueológico.

A -0.60 mts de profundidad apareció una gran piedra de basalto irregular, de 0.80 mts de largo y 0.50 mts de ancho que taponaba el espacio hábil haciendo imposible continuar con la excavación. Fue necesaria la construcción de una estructura de doble polea que permitió extraer la roca.

A partir de este momento, se hizo evidente que nos encontrábamos con un tipo de estructura diferente a la de un entierro en fosa. El nivel de relleno se mantuvo con las características anteriormente descritas disminuyendo el escombro y aumentando ligeramente la presencia de material arqueológico, sobre todo cerámico. Tras proceder a retirar este escombro se constató de que las paredes de la fosa se ampliaban a los lados, que aumentaba la humedad y se notaba una corriente de aire procedente de los pequeños huecos dejados por el relleno. A partir de ese momento se replanteó la estrategia de excavación ampliando el tiempo previsto y se implementaron nuevos recursos destinados a la protección de la cueva. También se procedió a preparar un sistema de iluminación.

3.3 La Excavación de la Cueva II

El descubrimiento de la cueva provocó un replanteamiento de los objetivos de la excavación así como se suspendieron los trabajos de diseño arquitectónico de esta zona atendiendo al desarrollo de las excavaciones. Se estableció un banco de nivel (2.285, 873 mts s. n. m.) en el lado norte de la boca de la cueva. La excavación se realizó alternando las capas métricas de 0, 20 mts con capas naturales. La estrechez del acceso no permitía establecer una cuadrícula por el momento, así que se optó por registrar el material arqueológico por triangulación.

A-2.80 mts se pudo observar que el relleno de la cueva se presentaba dispuesto en forma de cono, de tal manera que a esta profundidad podíamos divisar, con cierta dificultad, elementos que se encontraban a nivel del suelo de la cueva. En el lado sur de la cueva se divisó una ofrenda cerámica de piezas completas en buen estado de conservación. En el lado noreste, en cambio se vio el muro que posteriormente supimos que separaba la Cueva II de la Cueva III.

El desarrollo de la excavación no presentó ninguna variación respecto a lo anteriormente descrito. Todo el relleno presentaba las mismas características: tierra de color oscuro, muy húmeda, poco compactada y con material arqueológico compuesto exclusivamente por tepalcates teotihuacanos. También se encontraron algunos fragmentos de huesos muy afectados por la humedad que no presentaban ningún tipo de conexión anatómica

---

[8] Posteriormente, las excavaciones realizadas en el Grupo 5' se localizaron muros de las mismas características en los tres edificios principales (5A, 5B, 5C) . En este lugar, la estratigrafía no se encuentra tan alterada como en el área de las cuevas con lo que el análisis del material cerámico proporcionó datos que permitieron datar esos muros para las fases Xolalpan-Metepec (Daneels, 1994b). En el caso del Grupo 5' estos muros burdos forman parte del momento de abandono de los edificios. Éstos se han interpretado como muretes de contención que facilitarían la desmantelación de los edificios evitando que éstos a su vez se desplomaran de golpe. En este grupo dicha desmantelación se asocia a la desacralización. *"Por esto (refiriéndose principalmente a los edificios 5A y 5C), me parece que el momento de destrucción en el Grupo 5' corresponde a un evento de desacralización de este centro ceremonial cuando los gobernantes de la ciudad, o una facción del poder, pero de todos modos personas de la sociedad teotihuacana, no extranjeros, deciden que la función sagrada (y comercial) del Grupo 5' ya no es viable".* (Daneels, 1994a: 13)

[9] Vamos a tratar en este libro las excavaciones que se hicieron en el empedrado de acceso a la puerta 5 ya que, debido a la afectación contemporánea, no fuimos capaz de visualizar algún tipo de relación clara entre los conjuntos de cuartos y el conjunto ceremonial subterráneo.

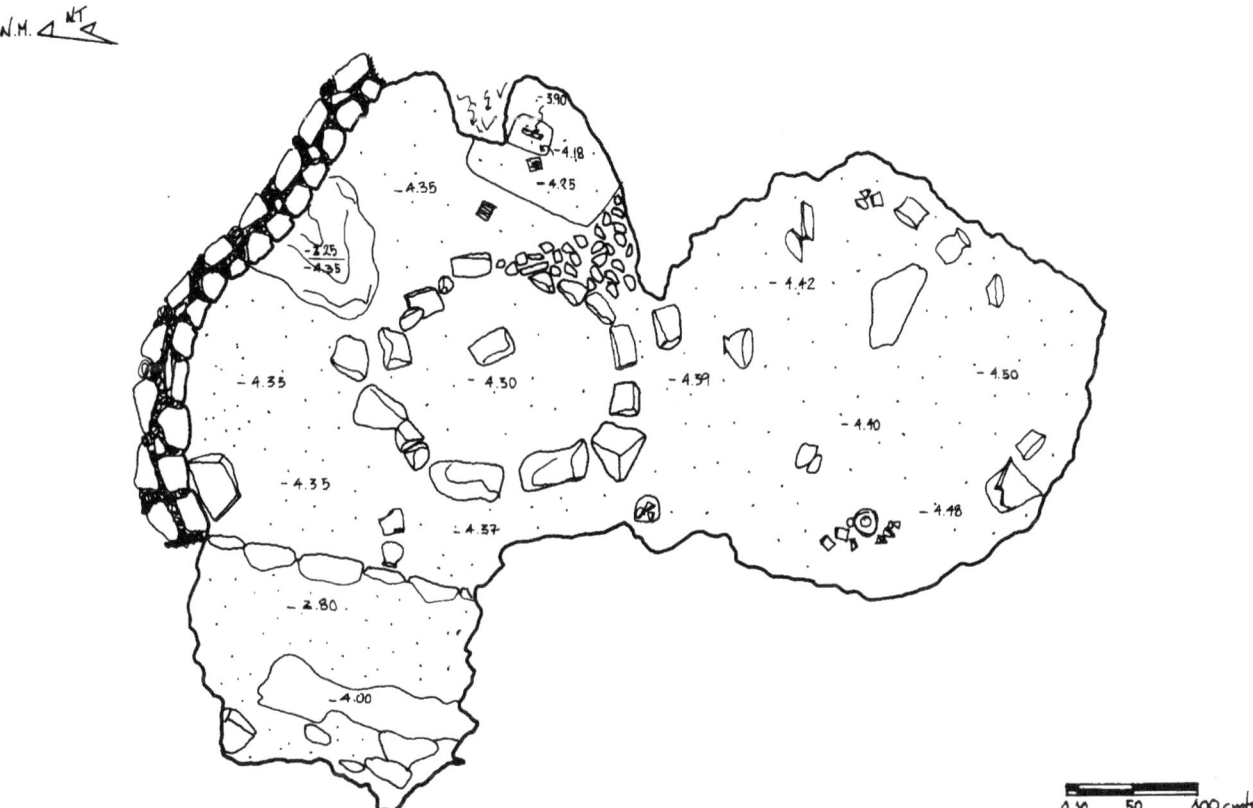

Fig. 18. Planimetría del nivel del suelo de la Cueva II.

y tampoco ofrenda. Los restos humanos corresponden a dos individuos encontrados a -2.80 (capa X) y -3.10 (capa XI). Atendiendo al contexto, lo más probable es que formen parte de la matriz del relleno sin que se considere que tengan ningún tipo de relación con la idea de una ofrenda sino que simplemente formaban parte de la tierra. El relleno presentaba fragmentos minúsculos de mica observándose una concentración de la misma en el lado sur de la cueva a -2.80 mts. El material cerámico del relleno se presenta muy escaso aunque homogéneo, delimitándose tipos que van desde el Miccaotli hasta el Tlamimilolpa tardío, correspondientes a cajetes y ollas básicamente del tipo negro pulido.

A -4.80 mts de profundidad se estableció un nivel de ocupación definido por un suelo de tierra apisonada donde se pudieron identificar los siguientes elementos. En este nivel, la cueva tiene sus dimensiones finales que son de 7.00 mts en eje norte-sur. En su eje este-oeste varía desde los 5.25 mts en su lado norte a poco más de 3.00 mts en el área sur de la cuevas.

A pesar de que la cueva es de pequeño tamaño para facilitar la descripción de la misma denominamos tres espacios diferenciados: la zona norte, área central y la zona sur.

3.3.1 La excavación de la zona norte

En la zona norte de la cueva se encuentra un muro compuesto por piedras sin trabajar unidas mediante barro. Son piedras de basalto, fragmentos grandes de tezontle rojo y gris y

Fig. 19. Vista general del piso de ocupación de la Cueva II. (foto Miguel Morales INAH-ZAT).

Fig. 20. Detalle huellas muro (foto Miguel Morales INAH-ZAT).

también se observaron algunos fragmentos de metates y metlapiles que, al caer en desuso, se utilizaron como parte del muro. En el barro se pudieron observar las huellas dejadas por los dedos de los teotihuacanos en el momento de la erección de este muro. La humedad constante de la cueva permitió que el muro se mantuviera en perfecto estado, de hecho uno de los problemas consiguientes de la excavación fue intentar evitar una rápida desecación del medio ambiente en el interior de la misma. Muros de características parecidas han sido descritos para la Cueva de la Pirámide del Sol y en una de las cuevas del área III (Heyden, 1973; Basante, 1986). No son muros de sostén sino funcionan como muros de subdivisión de la cueva. Se han querido interpretar, al menos en el caso de la Cueva de la Pirámide del Sol como parte de algún tipo de ritual asociado al cierre y tal vez, desacralización de la cueva (Heyden, 1973).

Se pospuso la exploración de este muro hasta terminar con la excavación de la cueva y con la finalidad de poder realizar una actuación conjunta con biólogos para la toma de muestras de macrorestos y polen. Por aquellas fechas, la posibilidad de que nos encontráramos con algún tipo de cámara funeraria nos preocupaba sobre todo por el impacto que pudiera tener el cambio brusco del medio ambiente (a 20º y con el 80% de humedad constante).

A finales del mes de mayo se inició la exploración del muro con la colaboración de un biólogo y un restaurador del INAH. Se cerró la boca de entrada de la cueva y se utilizaron bombillas fluorescentes de bajo calor. Una vez que se procedió a sacar las primeras piedras del muro se vio que había un relleno de tierra muy compacto, con un matriz de tierra distinta y con material cerámico correspondiente a fases tardías Se analizaron algunos fragmentos de cerámicas encontrados dentro del sistema constructivo

Fig. 21. Detalle del muro de cierre (foto Miguel Morales INAH-ZAT).

del muro de acceso de ambas cuevas. No proporcionaron datos muy evidentes al ser muy escasos y en mal estado de conservación pero de clara factura posteotihuacana. También se pudo identificar algunos fragmentos de lascas de obsidiana gris de Otumba.

Fig. 22. Detalle banqueta con olla y metate asociados (foto Miguel Morales INAH-ZAT).

Por aquellas fechas ya se había descubierto el acceso a la Cueva III lo que nos permitía sugerir la hipótesis de que nos encontrábamos con un muro de conexión entre ambas cuevas por lo que se decidió interrumpir los trabajos de exploración a la espera de poder iniciar los trabajos de excavación en la otra cavidad. Esta coherencia entre los materiales de relleno, del entierro y de los materiales de la ofrenda depositada en el lado sureste, nos permite asociar el momento de cierre de la cueva al momento de deposición y construcción del muro de piedra. La disposición del relleno también indica que el cierre de la cueva fue realizado de una manera rápida y en una sola fase. Esto coincide con la tipología cerámica encontrada para este momento que se podría fechar alrededor del 350 d. C.

En el lado más angosto y orientado al noroeste de la cueva se halló una banqueta hecha con piedras basálticas que presentan algún tipo de retoque conjuntamente con algunos adobes. Mide 0.50 mts de alto y se encuentra construida por encima del apisonado de tierra que constituye el suelo de la cueva. Su orientación coincide con el norte teotihuacano y se adosa en su lado norte con el muro de piedra y barro y en su lado sur en la pared rocosa. Asociada directamente se encontró una olla de cuerpo globular y un metate miniatura. Parece que esta banqueta tendría en su parte superior un recubrimiento de barro.

3.3.2 El Área Central

En el área central de la cueva se delimitaron dos elementos de gran importancia. El primero de ellos y situado en el mismo centro de la cueva es un conjunto de piedras de tamaño irregular que se situaban en forma circular ligeramente oval. Las dimensiones de este círculo son de 2.10 mts en eje norte-sur y 1.25 mts en este-oeste excavado en el suelo de la cueva.. Se observó que las piedras que

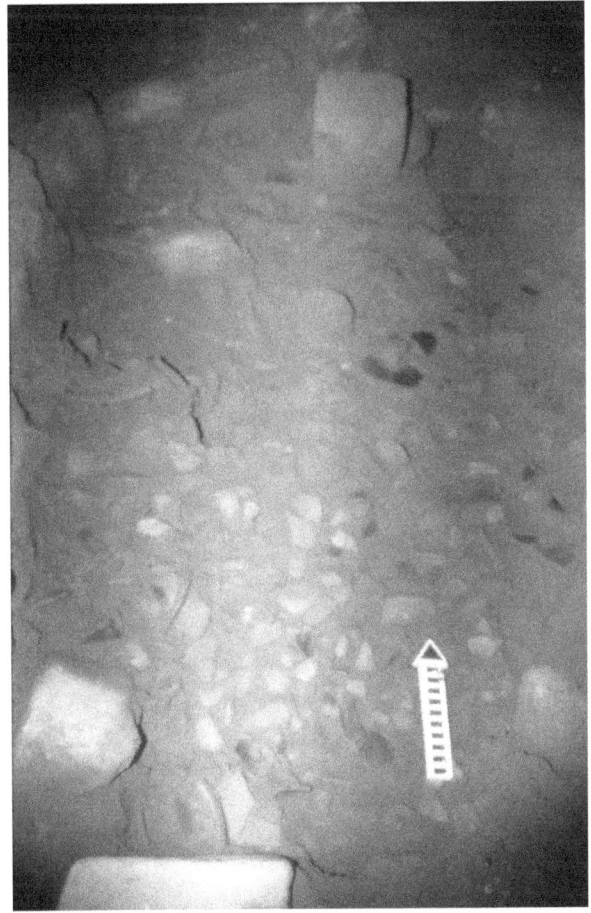

Fig. 23. Vista general del Entierro central (foto Miguel Morales INAH-ZAT).

delimitaban esta figura se encontraban clavadas en el piso de tierra de la cueva con lo que se procedió a la exploración del espacio interior. Se localizó un entierro de características excepcionales no tanto por la riqueza o calidad del material encontrado sino por ser el primero de este tipo identificado en Teotihuacan y por la cantidad de fragmentos de cerámica que produjo.

Es un entierro primario e indirecto compuesto por un individuo en posición de decúbito lateral. El estado de conservación no es muy bueno ya que se hallaba muy afectado por la humedad del ambiente de la cueva por lo que no se pudo determinar ni su sexo ni su edad. A pesar de que el tipo de entierro corresponde en líneas generales al patrón más utilizado en Teotihuacan bajo piso; éste presenta algunas características poco comunes en su localización y en la ofrenda. El individuo se encuentra bajo un piso de tierra, en una fosa ligeramente ovalada, delimitada por piedras de tamaño regular y con una ofrenda compuesta exclusivamente por fragmentos de cerámica que corresponden a tipos del clásico teotihuacano. Éste se encontraba depositado en un lecho de más de 2.200 fragmentos de cerámicas teotihuacanass fechados en Tlamimilolpa tardío aunque se identifican con posibles algunos fragmentos de San Martin Orange. La mayor parte correspondía a formas habituales de los cajetes tipo negro pulido y ollas de pequeño tamaño. Se han podido identificar algunos restos de copal quemado en el interior de algunas ollas. No se han podido reconstruir piezas enteras aunque sí se ha observado que muchos de los fragmentos pertenecen a la misma pieza. Todo el material conforma una capa uniforme de 10 cms de grosor que se encuentra sobre un firme de tepetate pulverizado estéril. Sin duda alguna el entierro localizado se ha de relacionar con algún tipo de ceremonia efectuada en el momento de clausura de la cueva por afinidades estilísticas con el material de ofrenda. Lamentablemente el mal estado de conservación no permite identificar evidencias de sacrificio.

Aprovechando la fosa se realizó un pozo de sondeo para intentar detectar el manto rocoso de la cueva. Éste se halló a -5.80 mts de profundidad respecto al punto cero. Se presentó en forma de rocas de basalto con tezontle de tamaño irregular de las mismas características que las paredes de la cueva.

En el lado este de la cueva se encontró una laja-altar igual que la existente en la Cueva I aunque de menor tamaño. Tomando en cuenta la existencia de este elemento, de manera inicial se consideró que el factor.

Astronómico tenía una importancia fundamental además de una funcionalidad de tipo religiosa y ritual. Sin embargo, posteriormente se han matizado algunas acepciones esta premisa ya que las evidencias de que sea un segundo marcador astronómico no se sustentan de la misma manera que en la Cueva Astronómica.

La laja-altar como su nombre indica es una laja de piedra basáltica de 0.30 mts de alto por 0.18 mts de ancho y 0.02 mts de grosor. Es un *ixtapaltete* del mismo tipo utilizado comúnmente en la construcción del talud-tablero teotihuacano. Lo que difiere es su localización, en el interior de la cueva y su disposición, clavada verticalmente

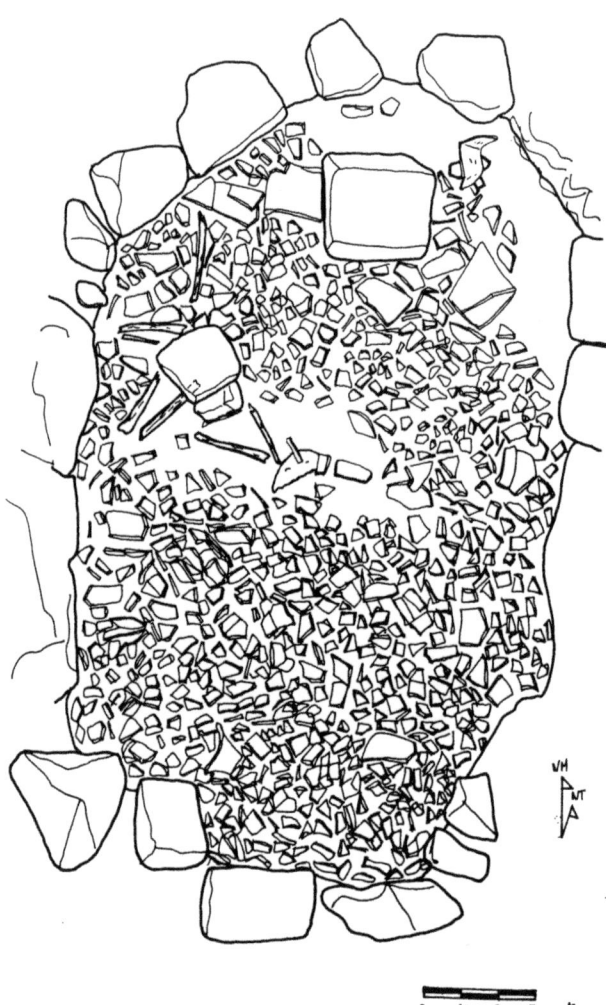

Fig. 24. Detalle Entierro central Cueva II (Moragas, 1995).

Fig. 25. Proceso de descubrimiento de la laja altar de la Cueva II (foto de la autora).

en un pequeño basamento de piedra apisonada. La laja está orientada al norte teotihuacano con lo que se encuentra situada paralelamente a la banqueta de piedra anteriormente descrita. Se encuentra, como hemos dicho, clavada verticalmente en un pequeño basamento de tierra apisonada de 0.20 mts de largo por 0.20 mts de ancho y 0.5 mts de alto que a su vez descansa en otra base, también con las mismas características de 1.22 mts de largo x 0.85 mts ancho y 0.10 mts de alto.

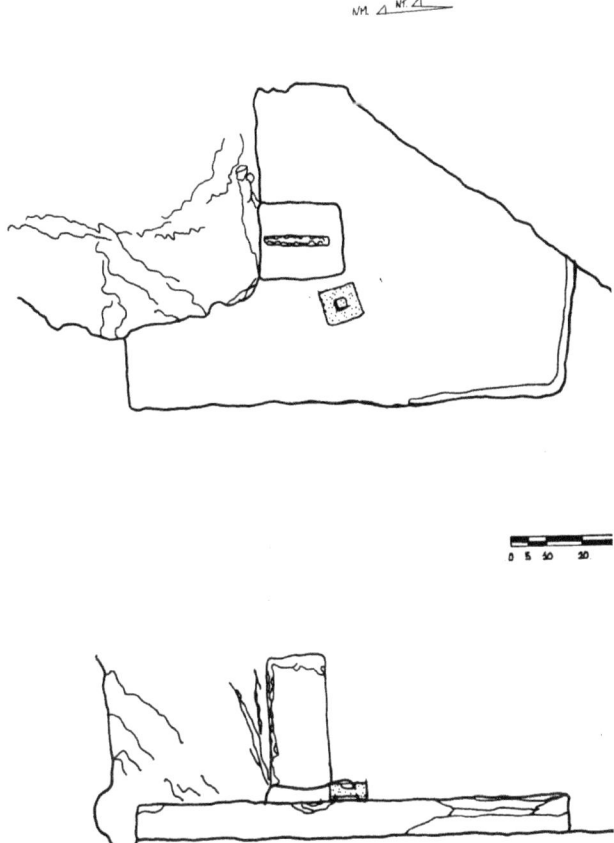

Fig. 26. Representación de la laja altar de la Cueva II (Moragas, 1995).

Se procedió a explorar dichos basamentos para observar si existía una ofrenda de navajillas prismáticas de obsidiana verde como se encontró en la base de la laja-altar de la Cueva I (Soruco, 1985). No nos sonrió la suerte aunque sí podimos observar el sistema constructivo. Al parecer los teotihuacanos colocaron varias piedras retocadas en forma rectangular a modo de ladrillos para que pudieran formar un armazón donde se incrustara la laja y formaran el esqueleto de los basamentos. Algunos pequeños fragmentos de cerámica encontrados sugieren la construcción de este altar para el período Miccaotli-Tlamimilolpa.

Observaciones Astronómicas en ambas cuevas

Siempre se ha considerado que los teotihuacanos tuvieron profundos conocimientos astronómicos y que la disposición de las pirámides y otras construcciones sagradas estaba de alguna manera vinculadas a la medición del tiempo y de los cambios periódicos del tiempo. Ésta idea general embonaba bien con la imagen de una autocracia religiosa que ejercía el poder de manera casi despótica en la ciudad. Sin embargo, los estudios científicos sobre estos aspectos eran bastante escasos hasta la década de los años noventa del siglo XX que los hallazgos arqueológicos supusieron una revitalización de los estudios sobre los observatorios subterráneos. Derivado del descubrimiento de ambas cavidades y por el interés suscitado, Rubén Morante, en aquellas fechas investigando por en su tesis doctoral, realizó detalladas investigaciones sobre los observatorios subterráneos en Teotihuacan.

En palabras de Rubén Morante: "Un observatorio subterráneo es una instalación que, a manera de cámara oscura, se construye en un aposento bajo la superficie terrestre y donde, por un orificio practicada en su bóveda o techo, se logra fijar posiciones de cuerpos celestes ya sea mediante la observación directa del paso de un astro o a través de la proyección de su luz hacia alguna superficie u objeto especialmente colocado (Morante, 1995: 35)". Dichos observatorios pueden tener características y formas distintas sea en forma de edificio, cueva, tengan un túnel revestido, una ventana u orificio o si tenía algún tipo de altar/marcador (Morante, 1995: 36). Los observatorios subterráneos se concibieron en áreas tropicales para la observación de las posiciones astrales en el cenit y el tránsito solar (Morante, 1996: 167). Para este investigador, podemos identificarlos en cuevas, en edificios y si tenían altares, ventanas o carecían de ellos Para Rubén Morante, en Teotihuacan se determinarían los observatorios astronómicos más antiguos del Altiplano[10] (Morante, 1996: 168).

La metodología de este esta investigación esta detallada en su tesis doctoral por lo que aquí nos referiremos a algunos aspectos esenciales que nos permitan contextualizar los trabajos realizados y su vinculación con la interpretación arqueológica (Morante, 1996).

La cueva II. ¿ Arqueoastronómica o no?

El descubrimiento de la laja altar en la cueva II, con características formales muy parecidas a las de la Cueva Astronómica, hizo suponer en un principio que nos encontrábamos con otra cueva con finalidades calendáricas relacionadas con el ciclo de las cosechas. Esta novedad suponía considerar que en Teotihuacan este tipo de observatorios tenía una gran importancia no tan sólo por este conjunto sino también por las menciones a tiros verticales en el Cerro Malinalli y el sudeste de la Pirámide del Sol. Con todo, es discutible ya que no sea podido estudiar de manera científica sino que nos hemos de atener a menciones bibliográficas y referencias indirectas. En algunos ejemplos podríamos considerar que lo que mencionan como túneles son en realidad pozos de sondeo y exploraciones realizadas en los siglos pasados.

Sin embargo, esta segunda laja se encuentra en una oquedad de la pared de la cueva con lo que su funcionalidad calendárica no es muy evidente a primera vista si el uso es el mismo que en el anterior caso; es decir no parece que en ningún momento del año se ilumine directamente. No

---

[10] Rubén Morante menciona varios tiros verticales que se localizarían en el cerro Malinalco y en las laderas del Patlachique que le reporta Linda Manzanilla. También se refiere a los trabajos y descripciones de autores como García Cubas que mencionan tiros verticales. Dada la antigüedad de dichas referencias y la imposibilidad de revisarlos hay que tomar dichas acepciones con mucha cautela ya que pueden corresponder a parte del sistema constructivo.

Fig. 27. La laja altar y el haz de luz (mayo 1993) (foto Miguel Morales INAH-ZAT).

obstante, se invitó al arqueoastrónomo Rubén Morante que realizara una investigación sobre el tema dada su experiencia en el análisis previo de la Cuevas Astronómica de Teotihuacan. Los objetivos eran claros. Por un lado revisar los datos de la Cueva Astronómica y en segundo lugar valorar si se daba el mismo fenómeno en la segunda cueva. Durante parte de 1993 y todo 1994 realizaron mediciones de la entrada de los rayos solares en ambas cuevas. La propuesta de Rubén Morante es que fue en Teotihuacan en dónde se concibieron los observatorios astronómicos subterráneos de este tipo y, por lo tanto, la Cueva II tiene un gran interés por ser de fechas relativamente tempranas (Morante, 1995). Su interpretación es que la laja de la Cueva II fue utilizada como marcador solar del solsticio de verano[11] (Morante, 1996: 175-176). Cabe reconocer aquí el detallado trabajo de investigación de Rubén Morante y su meticulosidad en la toma de datos aunque divergimos en los resultados. Si en la cueva I es evidente que la laja es iluminada por el sol, en la cueva II no se puede dar ese fenómeno porque la disposición de la laja en la cueva no permite que la luz pueda llegar. Morante solventa dicho problema considerando un elemento mueble: una pequeña maqueta de piedra con una pequeña hondonada en el centro que podría contener algún líquido encontrada frente a la laja. De esta manera se consigue un reflejo indirecto que ilumina parte de la laja[12]. En este aspecto difiero no por tanto que sea factible, ciertamente que pueda usarse con esta finalidad sino por otras dos cuestiones. La primera, que no puedo asegurar que el lugar en que fue encontrada fuera el originario máxime cuando no hay evidencias en el suelo del altar. Hay que tener en cuenta que la maqueta es un objeto mueble, de pequeño tamaño y que no se encontró ningún tipo de evidencia que señale que fuera su lugar exclusivo. Y en segundo lugar, que si bien hay pocos estudios sobre ello, las maquetas de piedra se han asociado a representaciones miniatura de templos y/o basamentos arquitectónicos y no han estado vinculadas a ceremonias astronómicas de manera directa.

Otras posibilidades que se han barajado manejan conceptos relacionadas con la identidad aunque todavía no las considero concluyentes con la interpretación arqueastronómica. Particularmente me parece interesante la opción que se abrieron en las excavaciones realizadas en Tlaxcala, desde finales del siglo pasado, por parte de Patricia Plunket y Gabriela Uruñuela y más recientemente por David Carballo. En el yacimiento de Tetimpa se encontraron elementos culturales que, más tarde estarán ampliamente representados en Teotihuacan, años después como son el tablero talud, el anaranjado temprano y la presencia de cerámicas de la fase Tzacualli (Plunket y Uruñuela, 1998c: 290). En otros trabajos ya se ha tratado el interés que suscita la presencia de una laja altar en dicho conjunto (Lagunas y Moragas, 2006; Moragas, 2010). En la operación 11 de Tetimpa se muestra la laja-altar asociado con un metate y un entierro de la misma manera que se encontró en la Cueva II. Los últimos trabajos en el valle tlaxcalteca consolida la importancia de esta zona para las fases más tempranas de Teotihuacan.

La importancia de la laja altar es un tema que requiere un mayor desarrollo. Una de las principales cuestiones recae en la propia definición de lo que es una laja altar ya que propiamente, no responde la idea de una estela cómo se da en el área maya como por ejemplo. Las estelas en el mundo maya reflejan el poder de las dinastías, a través de una iconografía del poder del *ahau* y de una escritura que detalla la vida del gobernante y sus logros. Por lo tanto, las estelas son la representación artística y política del poder máximo de la dinastía gobernante. Forman parte intrínseca de la parafernalia del poder, del dinasta y su familia. Muy distinto es lo que nos encontramos en Teotihuacan, cuyas representaciones artísticas han sido definidas como idiosincráticas, y que suponen otra visión de la imaginaria del poder (Headrick, 2007: 11). En este caso, estamos

---

[11] "Nuestro trabajo se centró en la Cueva II, pero tuvo como antecedentes los estudios previos de las proyecciones solares en otros observatorios subterráneos, en especial los efectuados en la Gruta del Sol en Xochicalco. En Teotihuacan sólo existía un antecedente: la Cueva I, cuyas características tan similares a las de la Cueva II que desde el principio, y de acuerdo con la experiencia de E. Soruco, determinamos que los marcadores astronómicos de la Cueva II fueron el altar, la maqueta con el orificio y la estela (Morante, 1996: 175-176)".

[12] "Aunque esta última no se ilumina en ninguna época del año con los rayos directos del Sol, supimos desde nuestra primera visita al sitio, cuando la maqueta aún estaba *in situ* (como único objeto hallado sobre el altar) que era por medio del reflejo lanzado por un líquido depositado en el orificio de la maqueta, como se lograba que la lápida cumpliera sus funciones de marcador astronómico (Morante, 1996, 176)".

hablando de piedras basálticas apenas sin trabajar, tal vez con algunos retoques simples, que se clavan en la tierra, en un pequeño altar construido de piedra y tierra con un pequeño acabado (sin evidencias de estucados ni pintura). Sin embargo, las lajas encuentran difundidas ampliamente en Mesoamérica. Mountjoy sugiere que para el oeste noroeste de México corresponden a un proceso de mesoamericanización generalizada y corresponderían a variantes locales de las estelas (Mountjoy, 1991). Desde un punto de vista más antropológico cultural, se puede decir que ha habido una visión más tradicional que analiza el sentido y la función del objeto en un contexto histórico cultural determinado. En el caso que nos ocupa, la laja altar está enclavada en un contexto de marcado carácter simbólico en los pueblos mesoamericanos como son las cuevas. Para interpretar la laja debemos de insertarla en una cosmología y su pertinencia, a algún elemento de la visión mesoamericana del mundo. De esta manera, se podría vincular a algún tipo de ritual. Sin embargo, hay que considerar que esta cosmovisión es transformable en contextos políticos distintos. El objeto puede ser el mismo pero la simbología y su lectura puede cambiar a lo largo de todo el periodo prehispánico. Por lo que debemos considerar también el uso del mismo a través del tiempo en una historia cambiante. En definitiva, que la sociedad de usó esa laja altar en Tetimpa no es la misma que la Teotihuacan de fases tempranas ni la que amortizó la misma cerrando ritualmente la cueva siglos después.

En trabajos anteriores se sugirió que la laja altar pudiera estar vinculada a un culto del inframundo (Moragas, 1998). En otros trabajos se manifestó la posibilidad de que además fungieran como elementos identitarios en la medida que, de alguna manera, visibilizarían la presencia de estos grupos tlaxcaltecas en la construcción física y simbólica de la ciudad (Lagunas y Moragas, 2006, Moragas, 2010). En esto trabajos se valoraba la presencia de la laja de Tetimpa como parte de cultos domésticos relacionados con cultos de mantenimiento mientras que en el de la Cueva II se vincularía con el inframundo (Lagunas y Moragas, 2006: 355; Plunket y Uruñuela, 1998b: 11). En este segundo caso, las cuevas estudiadas no están directamente involucradas con las actividades domésticas ni artesanales sino directamente con la ritualidad y el ceremonial. Finalmente se considera que la laja altar de la Cueva II podría estar vinculada a la ritualidad relacionada con el inframundo. Tampoco podemos rechazar que la laja esté vinculada al entierro del individuo o algún tipo de representación alegórica del difunto. Lamentablemente la mala calidad de los huesos no permitió que se pudieran analizar para definir si el individuo en cuestión En ese sentido, la laja tendría una vinculación funeraria. Ello nos debe hacer pensar si existe una misma percepción de la laja clavada en la tierra como un marcador y/o como un indicador de pertenencia, de emblema de grupos locales, en este caso vinculados con el área tlaxcalteca.

Un aspecto que resulta muy interesante, es el cuidado con que se produjo el cierre de la cueva II. Pudimos detectar en nuestras excavaciones que hay un ritual en el cierre de la misma que implica además de depositar una ofrenda cerámica, la protección de la estela evitando que se rompiera o se partiera colocando unas piedras a modo de muerte protector. A diferencia de otros rituales de cierre o de terminación que se han detectado en Teotihuacan, la protección de la estela es un elemento requerido para proceder al cierre de la estructura subterránea.

Fig. 28. Imagen del lado sur de la Cueva II (foto Miguel Morales INAH-ZAT).

3.3.3 El Área Sur

En el lado más al sur de la cueva se encontró una ofrenda cerámica fechada en el Tlamimilolpa tardío. La ofrenda se encuentra depositada encima del apisonado de tierra común a todo el nivel de ocupación aunque en algunos lados de la cueva se pueden determinar dos capas de apisonado (XII-XIIa). No se ha podido determinar dos momentos cronológicos distintos con lo que posiblemente sea una refacción hecha en algún momento. Tan sólo la presencia de una crátera San Martín Orange en la ofrenda cerámica nos da cierto problema interpretativo a la hora de cerrar el conjunto para el Tlamimilolpa tardío. El resto de los materiales de la ofrenda se componen por cajetes con las características propias de un momento transicional entre Tlamimilolpa Temprano y Tlamimilolpa Tardío. Conjuntamente con formas más altas y soportes botón del tipo distintivo para Tlamimilolpa Temprano tenemos formas más bajas, más abiertas, sin soportes o con sin soportes de tipo vestigial que Rattray clasifica como distintivos de la fase Tlamimilolpa Tardío.

Esta coexistencia de ambos tipos supone un cierto problema para asegurar la cronología de la ofrenda. No obstante, dos elementos nos sirven para proponer que nos encontramos con tipos que coexisten en esta misma fase. En primer lugar, no se encontró ninguna evidencia estratigráfica que permita suponer que la ofrenda fuera depositada a lo largo de varios momentos. Rattray sugirió que podríamos encontrarnos con un fenómeno de herencia por el cual los teotihuacanos habrían reutilizado materiales de períodos anteriores para redepositarlos en la cueva en el momento de cierre. Si así fuera el caso, el material de relleno de la cueva habría presentado material de las fases Xolalpan-Metepec. Posiblemente nos encontramos con un momento transicional entre el Tlamimilolpa tardío y el Xolalpan temprano. Por otro lado, el análisis de material polínico encontrado en el interior de las vasijas se mantuvo intacto sin aparecer ningún tipo de contaminación posterior a sus momentos de depositación.

3.3.4 Comentarios generales del análisis de la cerámica en la Cueva II

El análisis del material cerámico se hizo con la exclusiva finalidad de establecer la cronología y las formas cerámicas de ambas cuevas

El material analizado de la Cueva II corresponde en su gran mayoría a un conjunto muy homogéneo en tipos y formas que corresponden principalmente a la fase Tlamimilolpa tardío (alrededor del 350 d.C.). Se analizaron los materiales cerámicos procedentes del material de relleno, la ofrenda, el entierro en fosa y el muro de cierre. Tanto la estratigrafía como los materiales arqueológicos extraídos de la Cueva II nos parecen indicar que ésta se encuentra apenas alterada

Fig. 29. Detalle ofrenda (foto Miguel Morales INAH-ZAT).

por intrusiones *a posteriori* del momento de cierre de la misma. Hemos propuesto que nos encontramos con uno de los pocos conjuntos cerrados en Teotihuacan para un momento alrededor del Tlamimilolpa tardío y tal vez un Xolalpan inicial[13].

En primer lugar, la estratigrafía se presenta muy homogénea desde el momento en que se extrae la roca que tapona la entrada hasta llegar a los -4.80 mts de profundidad. A nivel de materiales arqueológicos sorprende la falta de material lítico, como obsidiana y el material cerámico es bastante escaso y circunscrito a unos tipos muy determinados sobre todo de vajilla de mesa y recipientes de tamaño relativamente pequeños. Un aspecto interesante, es la poca cantidad de material foráneo que se encuentran las cuevas. A diferencia de otros contextos la cerámica no es especialmente lujosa y tampoco presenta una gran variabilidad en formas niacabados. La mayoría de fragmentos cerámicos analizados corresponden al grupo negro pulido y a vajilla de mesa correspondiendo a cajetes, platos, vasos, ollas de pequeño tamaño. El resto de los grupos de la tipología teotihuacana se encuentra presente pero en una cantidad que no supera el 10% del total de la muestra. El grupo bruñido se encuentra escasamente representado y se presenta en forma de cajetes y ollas de pequeño tamaño con evidencias de uso. El grupo mate se encuentra presente pero también escasamente representado. Con la excepción de la crátera Anaranjado San Martín de la ofrenda, unos pocos fragmentos encontrados de este mismo tipo y que corresponden a la misma vasija, en el entierro central y otro de vaso con vertedera del grupo Copa ware, todo el resto del conjunto cerámico es el característico de la fase Tlamimilolpa tardío. Los materiales foráneos también son muy escasos aunque se pudieron identificar cajetes anaranjado delgado, fragmentos de granular ware y fragmentos de gris Oaxaca. Los materiales foráneos son coherentes con el conjunto cerámico principal de la fase Tlamimilolpa tardío.

---

[13] Se tuvo especial cuidado en analizar los materiales procedentes de las capas IV-V-VI-ya que estos son los que nos permitirían reconocer una ocupación postclásica para la Cueva III.

Fig. 30. Tipos cerámicos de la Cueva II (foto de la autora).

3.3.5 Análisis de los materiales botánicos de la ofrenda cerámica de la Cueva II

Las condiciones edafológicas y culturales de Teotihuacan no son muy proclives a la conservación de contextos botánicos para su análisis. El mismo desarrollo urbanístico y ecológico de la zona, favorecen que los materiales se encuentren, en muchos casos revueltos. Por otro lado, el clima, seco y caluroso pero a la vez con grandes contrastes de temperatura, aunado a las lluvias de verano y a las turbonadas de aires que se forman en otoño, no permiten una buena conservación del material botánico. Es por ello que la localización de la ofrenda cerámica de la cueva II, en un contexto que sugería una posible conservación del material botánico por la temperatura y humedad constante del sitio, hizo que se tomaran precauciones especiales para la toma de muestras. Cuando se encuentran contextos en el que la alteración cultural es mínima, como en el caso de la Cueva II, se tomaron las debidas precauciones para que la toma de muestras botánicas fuera lo más rápido posible y en las mejores condiciones posibles[14].

La toma de muestras de material botánico (macro restos y fitolitos) se inició en el mes de abril de 1993 cuando se localizó la ofrenda cerámica de la cueva II. Se tomaron alrededor de 40 muestras para el análisis de polen y fitolitos y 19 muestras para macro restos tanto de la ofrenda como del piso y de las paredes de la cueva. De esta manera se pretendía observar si existen diferencias significativas entre el contenido de las vasijas y el ambiente de la cueva. El contenido polínico de cada vasija era bastante alto y parecía que podría determinarse con cierta claridad un contenido específico para cada vasija.

A nivel cerámico el conjunto de vasos cerámicos que componen dicha ofrenda forman parte de un conjunto cronológicamente y estilísticamente homogéneo. La mayor parte son cajetes negro pulido de las fases Miccaotli a Tlamimilolpa tardío. En contenidos generales, el maíz se presenta en todos los recipientes de tipo negro pulido a excepción del cajete de paredes altas localizado enfrente de la laja altar. Este vaso tuvo un contenido en el que predominan las gramíneas (+ 40%). Otro recipiente que se diferencia por su contenido es la crátera San Martin Orange de la ofrenda. El contenido polínico de esta vasija presenta un predominio de *Tripul* (28%)[15] seguido de otros elementos como *caryophyllaceae* (21%), *equisetaceae* (17%).

El registro botánico nos muestra tanto semillas carbonizadas de plantas alimenticias (maíz, amaranto, jitomate, tunas...) como restos de resinas de copal y carbón de maíz. En el caso de las plantas alimenticias, éstas corresponden a alimentos de alto valor nutritivo y componentes de la dieta básica teotihuacana. Los restos de resinas nos confirman el hecho en que la cueva II se realizó actos de tipo ceremonial mediante la quema de estos elementos y tal vez relacionados con ritos de transición y de legitimación de las elites. La resina de copal se encuentra registrada tanto en las vasijas como en el piso y alrededores de la laja-altar.

---

[14] En el Proyecto Especial Teotihuacan 92-94 se contó con la participación de un equipo conjunto de biólogos del INAH y de la UNAM que llevan a cabo el análisis de materiales botánicos, desde la toma de muestras en el campo hasta el análisis pormenorizado mediante microscopio. Se tomaron dichas muestras 'in situ', dando preferencia a los materiales provenientes de las vasijas de la ofrenda. Para ello se tomaron las debidas precauciones, utilizando mascarillas, material esterilizado y procediendo al traslado de estos materiales a la ceramoteca de la Z. A. T. Se tomaron muestras para macro restos que serían analizados por la Mtra Aurora Montúfar del Servicio de Prehistória del INAH y de polen y fitolitos por parte del Biol. Emilio Ybarra del IIA-UNAM. En la ceramoteca de la Z. A. T. se realizó la recuperación del material biológico por el método de flotación y decantaciones sucesivas, sobre un tamiz de 0, 03 mm (Montúfar, 1994). El proceso de análisis del material polínico ha podido identificar que a cada vasija corresponde un tipo distinto de polen (Ybarra et al., 1995).

[15] Este material denominado *Tripoulcerate-Tripul-* se encuentra identificado pero no definido.

Otra información interesante que nos proporciona el contenido polínico es la existencia de elementos que sugieren la presencia de plantas asociadas con cuerpos de agua tales como el ahuejote y algún tipo de pasto y flores parecidas a nenúfares. Son plantas asociadas a zonas de chinampas que en Teotihuacan se sitúan en el suroeste del Valle. En el caso que nos ocupa es plausible pensar que podrían proceder del rio San Juan que atraviesa la ciudad.

Uno de los propósitos de este análisis era intentar definir si existía algún tipo de relación entre el recipiente cerámico y el contenido del mismo. Hay todavía pocos datos para proponer una diferenciación entre contenido y forma del recipiente. A pesar de esto, los datos proporcionados por Emilio Ibarra y Aurora Montúfar son los suficientemente interesantes para tomar en cuenta esta posibilidad de manera más genérica para el conjunto de Teotihuacan.

Capítulo 4

La Excavación de la Cueva III

A mitad del mes de mayo de 1993 las excavaciones proseguían su curso habitual. Mientras progresaban las investigaciones de la Cueva II, se continuó trabajando en el exterior, ampliando el área de excavación. A consecuencia de ello se encontró otra fosa de características parecidas. Por las evidencias anteriores se dedujo que podría tratarse de un acceso a otra cueva ya que mantenía cierta orientación respecto a las otras dos entradas y se encontraba dispuestas también en el interior del conjunto ceremonial; a poco más de dos metros en dirección noreste del cierre del muro perimetral. Unos pocos días después se confirmó que nos encontrábamos con el acceso a otra cavidad, completando el conjunto ceremonial como un conjunto ceremonial con tres accesos. La boca de entrada a lo que se consideró inicialmente quecomo una tercera cueva, se sitúa a 8.50 mts de la Cueva II y en orientación noreste. Tiene una forma rectangular y de mayor tamaño, de 1.00 mts eje norte-sur y 1.50 mts eje este-oeste. A su lado se encuentra una pequeña fosa circular de aproximadamente 0.70 mts de diámetro que al igual de su homónima de la Cueva II se presentó estéril y rellena de polvo de tepetate.

El sedimento arqueológico presentaba en sus primeras capas la misma textura y consistencia que la de la Cueva II pero, después de proceder a levantar el primer metro de relleno arqueológico, se detectó un evidente cambio en la coloración y la textura de la misma siendo una tierra de color ligeramente más claro y mucho más compacta. Inmediatamente se identificó abundante material cerámico de fases posteriores al período Clásico teotihuacano sin poder matizar más en ese primer momento.

La excavación de esta cueva se vio condicionada por el tiempo destinado a los trabajos arqueológicos. Ya se había sobrepasado con creces el tiempo inicial previsto con lo que se tuvo que replantear, de nuevo, el plan de trabajo. Cabe recordar que era un simple salvamento arqueológico en una zona ya excavada y con una potencia estratigráfica de poco más de medio metro y con un contexto revuelto con materiales contemporáneos. El descubrimiento de las dos cavidades supuso que se tuviera que cambiar toda la planificación estratégica no tan solo de la excavación sino también de la propia reorganización del área. El proyecto arquitectónico de reacondicionamiento de la zona suponía hacer un acceso subterráneo a la puerta 5 de acceso a la zona arqueológica. El descubrimiento de una nueva cavidad supuso de nuevo reestructurar los tiempos de trabajo y el proyecto. Desde la dirección de la zona arqueológica se ordenó que los trabajos de acondicionamiento prosiguieran, por lo que no quedó más remedio que concentrar los trabajos de excavación exclusivamente en el área más noroeste que era la más afectada por la construcción del túnel[1]. Es por ello que, a pesar que tenemos los datos suficientes para determinar tendencia clara para la secuencia arqueológica de la Cueva III, hay que tener en cuenta que no es del todo completa.

Para proceder a su excavación se realizó la metodología al uso en ese momento, estableciéndose un banco de nivel en la esquina noroeste de la boca de acceso a 2.285, 70 mts s. n. m. La matriz del sedimento era bastante distinta, encontrándose mucho más compacta y con un tono de color muy diferente al identificado en la Cueva II. Ello sugería que cuando menos, la matriz y la disposición de la sedimentación era completamente distinta a lo que se encontró en la cueva anterior; lo que demostraba que cuando menos el proceso de deposición respondía a una dinámica de deposición estratigráfica distinta. En la cueva II, la sedimentación se hizo de manera rápida con el propósito de cerrar el acceso de la misma echando tierra desde el exterior, lo que le dotó de su disposición cónica característica. El color de la matriz era de tono más oscuro de un café casi negro. Posteriormente se dispuso una gran roca que tapó la boca de acceso y, finalmente sellaron la entrada. Ello nos indica un procedimiento rápido y puntual del cierre de la misma con la voluntad de cerrar de manera definitiva el acceso. Algo parecido debió de suceder para esta cueva ya que se detectó que, igual que en el acceso anterior, la entrada fue sellada. No obstante, en este caso, no impidió que se procediera a la ruptura de este cierre y que se reocupase para fases post-teotihuacanas. En consecuencia, la disposición del sedimento en la cueva III era horizontal, de matriz más rojizo-amarillenta y limosa.

Esto supuso establecer una estrategia distinta en los trabajos ya que se tuvo que disponer de un espacio para poder establecer la retícula de excavación. Para ello realizó una excavación en profundidad en la boca de acceso de manera muy cuidadosa atendiendo a cualquier cambio en el registro que pudiera sugerir alguna fosa de entierro o alguna ofrenda. A los 1.50 mts, sobre la vertical de la boca de acceso de la cueva se pudo generar el espacio suficiente para establecer una retícula de 1.50 mts por 1.50 mts en orientación al norte teotihuacano. En vista de que el relleno se presentaba uniforme, se procedió a excavar teniendo en cuenta la estratigrafía natural y en extensión, en la medida de que era posible, por la falta de espacio entre el sedimento y el techo de la cueva. La primera hipótesis es

---

[1] Como ya se ha mencionado en líneas anteriores, el salvamento estaba previsto para tres semanas y se convirtió en un proyecto de 7 meses. La cueva III, aún hoy en día, no está excavada en su totalidad quedando gran parte todavía más o menos intacta.

Fig. 31. Trabajos previos a la excavación de la Cueva III. Instalación de las luces (foto de la autora).

que la deposición de los sedimentos, al menos en las capas superiores, parece ser en un proceso de colmatación por sedimentos aportados por lluvias.

El área excavada ocupa 8.00 mts en eje norte-sur y poco más de 10.00 mts en eje este-oeste aunque la cueva se prolonga hasta un eje total 17.80 mts en esta última orientación.

Descripción estratigráfica

La estratigrafía de la Cueva III es muy distinta a la que se presentó en la anterior cueva. Durante el proceso de excavación se trabajó mediante capas estratigráficas. El resultado es el siguiente:

Interior de la Cueva
- 0.50-1.20/1.50 mts. Capa V: Tierra vegetal de color marrón oscuro (7.5YR3/4 *dark brown*) compactada. Presencia de material arqueológico abundante. Sin presencia de intrusiones contemporáneas.

Capa V
- 1.20/1.50–2.00/2.20 mts. Capa VI: Tierra vegetal de color marrón oscuro (7.5YR3/4 *dark brown*) con láminas de arena fina o depositación de sedimentos de arrastre pluvial con intrusión de ceniza y fragmentos de huesos. Muy compactada y bastante húmeda. En esta capa se localizan la mayor parte de los entierros excavados. Material arqueológico abundante. Gran cantidad de mica.
- 2.00/2.20–2.70/3.10 mts. Capa VII: Con las mismas características a excepción de que no se presentan enterramientos.
- 2.70/3.10–3.50/3.80. Capa VIII: Toba volcánica con intrusión de fragmentos de tepetate y rocas basálticas. Consistencia suelta y limosa. Disminuye la humedad y el material arqueológico. No aparece ya mica.
- 3.30/3.80–3.90/4.30. Capa IX: Iguales características que la capa anterior pero con la presencia de tezontle rojo y gris con grandes rocas de basalto. Fragmentos de piso. Disminuye el material arqueológico.
- 3.90/4.30–4.50/4.80 Capa X: Iguales características que las dos capas anteriores. Desaparecen los fragmentos de piso.
- 4.80-5.00 Capa XI: Apisonado de tierra arcillosa, color marrón oscuro (7.5YR3/4 *dark brown*). Grandes rocas de basalto sobresalen de este piso.

En general se observa una estratigrafía bastante regular con pocos cambios significativos y sin intrusiones de ningún tipo. El material arqueológico se presenta en todas las capas disminuyendo progresivamente en cantidad a medida de que vamos profundizando en la excavación. A partir de los -5.00 mts de profundidad se determinó el piso de la propia cueva, que coincide de manera muy aproximada, con la profundidad de la cavidad anterior por lo que se dedujo que sería éste el nivel de contemporaneidad con la Cueva II.

Es por ello que, en algunos de los cuadros (N1W2, N1W1 y S2W1) se procedió a romper este apisonado con la finalidad de observar hasta donde se podía localizar la roca. Resulta significativo que no presentaron apenas material arqueológico y si éste aparecía eran apenas algunos fragmentos de cerámica y deshechos de obsidiana que formaban parte del propio apisonado. Por debajo de este apisonado de tierra, con un grosor medio de 0.10 a 0.15 mts, se encuentra un nivel formado por fragmentos de *tezontle* rojo de pequeño tamaño que se encuentra completamente suelto. Inevitablemente a medida que se iba profundizando se iban desmoronando los perfiles o en otros casos, la

Fig. 32. Interior de la Cueva III (capa V) (foto Miguel Morales INAH-ZAT).

Fig. 33 Interior de la Cueva III (capa VI) (foto Miguel Moralas INAH-ZAT).

presencia de grandes rocas basálticas impedía proseguir con el sondeo.

En el cuadro S2W1 se llegó a profundizar poco más de dos metros, llegando a -6.70 mts respecto a la cota de superficie mientras que en el cuadro N1W2 se localizaron rocas de gran tamaño conjuntamente con este nivel de tezontle. Dichas rocas resultaron imposibles de rodear con lo que los trabajos se interrumpieron a -1.30 mts. Finalmente, en el cuadro N1W1 que apenas llegó a -1.00 mts se observó también el mismo tipo de *tezontle* resultando estéril de material arqueológico.

4.1 Los Entierros localizados en la Cueva III

En esta cueva se detectó un nivel de ocupación básicamente compuesto por enterramientos con ofrenda asociada correspondiente a las fases posteotihuacanas aunque con

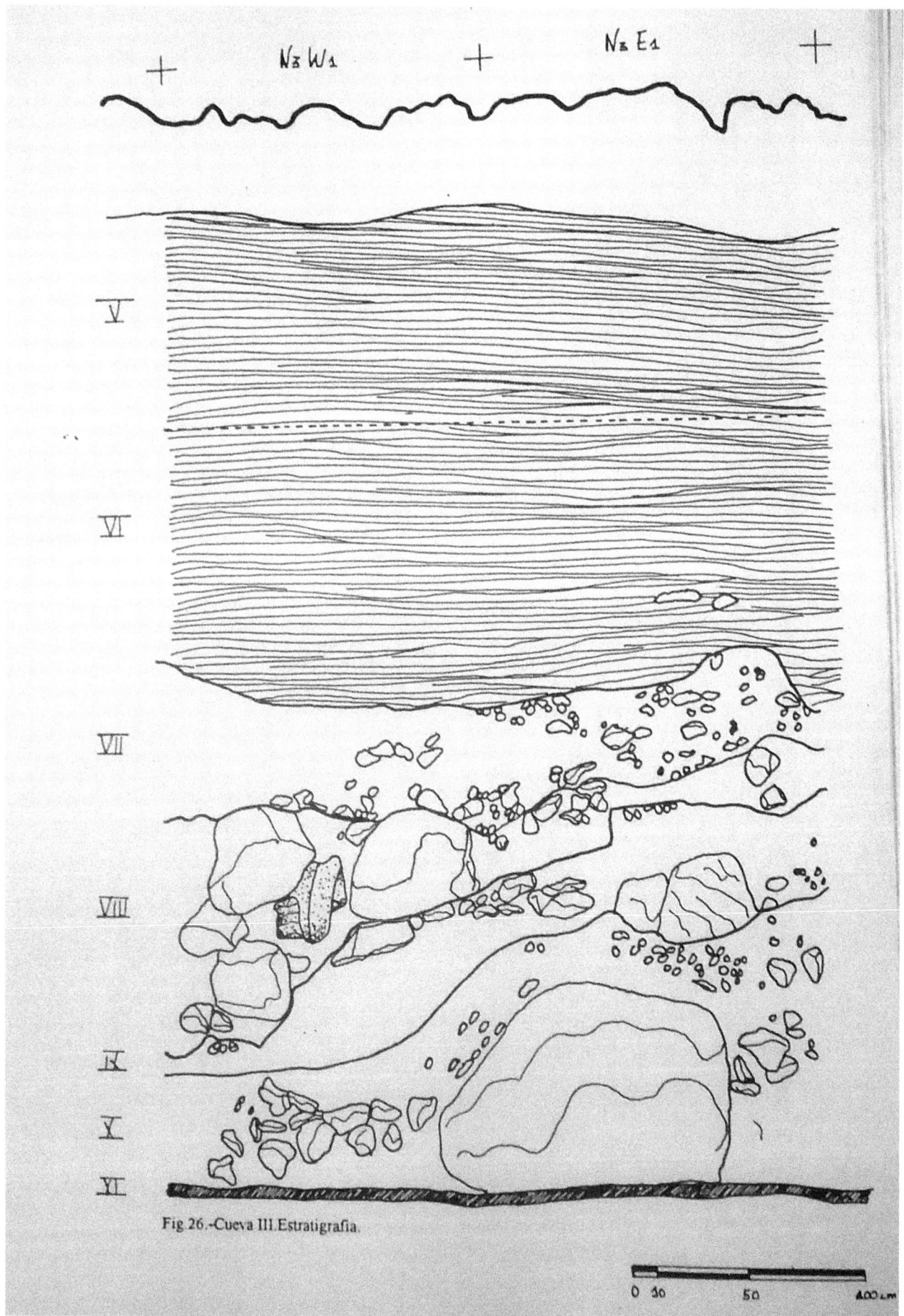

Fig. 26.-Cueva III. Estratigrafia.

Fig. 34 Estratigrafía Cueva III.

Fig. 35. El proceso de excavación de la Cueva III (foto Miguel Morales).

un estado de conservación deficiente. En algunos de los casos no se han podido identificar ni la edad ni el sexo de los individuos inhumados. En general podemos decir que corresponden a individuos jóvenes, de sexo masculino con ofrenda asociada compuesta principalmente por material cerámico y lítico. Afortunadamente el relleno en que se encontraba ha proporcionado mayor cantidad de material cerámico en forma de fragmentos cerámicos. Es por ello, que la datación de estos entierros se ha basado sobre todo en el análisis de la capa estratigráfica. Atendiendo al material cerámico todos los entierros corresponden a la misma época: Mazapa (1100-1200 d.C.). Aunque se presenta también material de las fases Xolalpan-Metepec y Coyotlatelco, éste último en escasas proporciones y circunscrito a contenedores. En un único caso, el entierro III, presentó material de concha y lítica trabajada en forma de cuenta tubular. Una propuesta sería que la matriz donde se depositaron los entierros procedía del proceso de relleno de la cueva realizada en época post teotihuacana y que llevaron consigo fragmentos de periodos anteriores.

La ofrenda funeraria no es muy abundante y, en algunos casos nula (entierros V y VII), con lo que no podemos aportar mucho acerca del ritual con que fueron inhumados. En el caso del entierro VII, el individuo estaba acompañado de un cráneo y fragmentos de huesos de un cánido, identificado como el Xoloitzcuintle prehispánico. El perro se ha asociado como guardián del inframundo y ha aparecido también en otras cuevas en Teotihuacan (Basante, 1986: 82; Manzanilla, 1994a: 59). En la tierra inmediatamente asociada al individuo IXa se encontraron improntas de textiles.

Aunque la mayoría de los entierros son secundarios, éstos fueron redepositados con algún tipo de ceremonial del cual el dato arqueológico es escaso. Siempre tendemos a obviar lo que no queda representado arqueológicamente pero,

debió de existir un ceremonial donde textiles, petates y copal tendrían un papel significativo.

Sobre los individuos enterrados no hay mucho que se puede decir a causa del mal estado de conservación de los huesos debido probablemente por las filtraciones de agua que habrían afectado a los bultos funerarios. A pesar de su juventud, se han podido establecer algunas paleopatologías que van desde caries y sarro (entierro V) hasta deformaciones congénitas como el esternón arqueado (entierro IV) o degenerativas (osteofibrosis en los entierros VII y IXa).

La población teotihuacana no parece haber utilizado mucho la deformación craneana y la mutilación dentaria. Rodríguez Manzo reporta menos del 10%, sobre un total de 814 entierros analizados, donde se haya identificado algún tipo de modificación bio-cultural (Rodríguez Manzo, 1992). Se han podido identificar algunas modificaciones intencionales en el entierro V y el entierro IX. En el primer caso, se observa deformación craneana de tipo tabular oblícua mientras que en el segundo caso, ambos individuos presentan deformación craneana tabular erecta. El individuo IXa tiene además incrustación dentaria. Tan sólo se presenta mutilación dentaria en el entierro VIII, del tipo 4A según la tabla de Romero (Romero, 1958). Desafortunadamente aun hemos de avanzar mucho más sobre el patrón funerario de épocas posteotihuacanas para inferir si tales modificaciones corresponden o no a un tipo común.

4.1.1 Descripción de los entierros de la Cueva III

Entierro I, cuadro S1E1, capa VI. Entierro colectivo compuesto por un mínimo de 4 individuos identificados
a) Cráneo en norma posterior o vertical que presenta prognatismo y escafocefalia. Dispuesto sobre un

lecho de piedra con tepetate. La orientación de cráneo facial es sur-norte. Edad aproximada: primera infancia. Cronología: Fase Mazapa. Ofrenda asociada: Fragmentos de obsidiana gris.

b) Entierro primario indirecto en decúbito dorsal, flexionado (¿). Se identifican huesos largos de extremidades inferiores, fragmentos de costillas, cráneo y vértebras. Las dimensiones de los huesos largos son: tibias: 11 cms; fémures: 14 cmt. Longitud en posición: 58 cms. Anchura máxima: 22 cms. Edad: segunda infancia. Cronología: Mazapa Ofrenda asociada: Fragmentos de cajete, candelero, mica y obsidiana. Se identifican restos de carbón en la matriz de la tierra. Observaciones: Al extraer el entierro se encontraron fragmentos de un cráneo infantil en muy mal estado de conservación.

c) Entierro primario indirecto en decúbito lateral izquierdo. Posible desmembramiento ya que no todo el cuerpo se encontró en conexión anatómica. El cráneo presenta una deformación no cultural sino que posiblemente sea consecuencia de la una gran piedra que estaba inmediatamente encima. Se encontró ligeramente hundido respecto al cuerpo. Longitud en posición: 85 cms; Anchura máxima: 50 cms. Edad: tercera infancia. Cronología Mazapa. Ofrenda asociada: Fragmentos de navajillas, obsidiana, mica y carbón. Observaciones: el brazo derecho quedó extendido por encima del tórax, el izquierdo hacia el cráneo facial. La tibia derecha cruzaba sobre la izquierda. Se localizaron fragmentos de cráneo infantil en la parte media del fémur derecho.

d) Entierro primario indirecto en decúbito dorsal flexionado. Hay evidencias de que el cuerpo fue desmembrado ya que restos del esqueleto se encontraron mezclados con los del individuo a y c. El cráneo se encontró separado del cuerpo. Longitud de posición: 25 cms; Anchura máxima: 17 cms; Edad: primera infancia. Cronología Mazapa. Ofrenda asociada: Cerámica, candelero, mica, carbón.

Entierro II, cuadro S1E2, capa VI. Entierro individual

a) Entierro secundario, indirecto. Evidencias de desmembramiento del cuerpo. Cráneo con prognatismo y escafocefalia. Se encontraron fragmentos de hueso pertenecientes a omoplato, costillas y algunas vértebras dispersas y sin conexión anatómica. No se hallaron huesos largos. Orientación del Cráneo: norte-sur. Edad: Adulto joven. Sexo: femenino. Cronología: Mazapa. Ofrenda asociada: Fragmentos de cerámica, fragmentos de lajas.

Entierro III, cuadro S2-W1, capa VI. Entierro individual

a) Entierro secundario indirecto. Se conserva la parte superior y frontal del cráneo. Fémures en relación anatómica. Longitud en posición: 110 cms. Anchura máxima: 110 cms. Edad: Adulto joven. Cronología: Mazapa. Ofrenda asociada: Cerámica, colgante de obsidiana, caracoles, cuentas de concha y fragmentos de calota trabajada. Observaciones: El material de hueso y concha de la ofrenda se encuentra en mal estado de conservación muy afectado por filtraciones de humedad.

Entierro IV, cuadro S1W2, capa VI. Entierro individual

a) Entierro secundario indirecto. Se identifican los restos óseos muy fragmentados de extremidades inferiores y superiores identificando costillas, vértebras y omoplatos. No se conservan en relación anatómica. El esternón se encuentra arqueado con patología del tipo "pecho de paloma". Vértebra lumbar con osteofibrosis. Longitud en posición: 170 cms. Anchura máxima: 80 cms. Edad:

Fig. 36. Entierro III, cuadro S2-W1, capa VI. Entierro individual (foto Miguel Morales INAH-ZAT).

Adulto joven. Cronología: Mazapa. Ofrenda asociada: cerámica y obsidiana gris.

Entierro V, cuadro N2W3, capa VI. Entierro Individual
a) Entierro secundario indirecto compuesto por un cráneo con deformación tabular –oblicua. Las piezas dentarias identificadas in situ son para la mandíbula superior:
b) molares (4), pre molares (2), incisivos (4). El tercer molar se presenta en ambos lados. En la mandíbula inferior se conservan: molares (4), pre molares (4), incisivos (4) y presencia del tercer molar. Las piezas dentarias presentan un color amarillento con caries en menor grado y sarro. Edad: Adulto joven. Sexo: Masculino. Cronología: Mazapa.

Entierro VI, cuadro S1W2, capa VI. Entierro individual
a) Entierro secundario indirecto. Se identifican fragmentos de huesos largos y vértebras. Longitud en posición: 100 cms. Anchura máxima: 36 cms. Cronología: Mazapa. Ofrenda asociada: Mazapa.

Entierro VII, cuadro S1W2, capa VI. Entierro individual
a) Entierro secundario indirecto. Se identifican fragmentos de cráneo y algunas vértebras, estas últimas con evidencias de osteofibrosis. Longitud en posición: 90 cms. Anchura máxima: 30 cms. Se localizaron también algunos fragmentos de huesos largos. Cronología Mazapa. Ofrenda asociada: cráneo de un cánido.

Entierro VIII, cuadro S3W1, capa VI. Entierro individual
a) Entierro secundario indirecto. Se identificó un cráneo que presenta prognatismo. En la mandíbula superior e inferior presentan las piezas dentales completas con presencia del tercer molar. Hay una caries avanzada en los pres molares y molares en ambas mandíbulas. Se observa un desgaste de la corona dentaria muy acusado. Los incisivos se encuentran limados tipo A-4 en la tipología de Romero (Romero, 1985). Sexo: masculino. Edad: Adulto. Cronología: Mazapa. Ofrenda asociada: cerámica.

Entierro IX, cuadro N2E5-N2E4-N3E4, capa VI. Entierro colectivo
a) Entierro secundario indirecto. Cráneo con deformación tabular-erecta. Mantiene casi toda la dentición con excepción de algunos de los incisivos (caída post-mortem). Los incisivos tienen huellas de incrustación dentaria. Se localizaron algunas extremidades inferiores. Posible desmembramiento. Longitud en posición: 80 cms. Anchura máxima: 60 cms. Edad: Adulto joven. Sexo: masculino. Cronología: Mazapa. Ofrenda asociada: cerámica.
b) Entierro primario indirecto. Cráneo con deformación tabular –erecta. Se localizan la tibia y el peroné derechos en relación anatómica así como la columna vertebral completa. Longitud en posición: 80 cms. Anchura máxima 60 cms. Edad: Adulto joven. Sexo: masculino, Cronología: Mazapa. Ofrenda asociada: cerámica. Improntas de textiles en la matriz.

4.2 Algunas consideraciones generales sobre la cerámica de la Cueva III

La cueva III nos proporciona un panorama cultural completamente distinto si la comparamos con la cueva anterior. En la zona excavada no encontramos ninguna evidencia de que no fuera ocupada en época clásica sin embargo, hemos de entender que durante el periodo clásico debió de funcionar como una unidad con la cueva II. La secuencia cultural que se diseña con base a los datos arqueológicos es que para el Tlamimilopa tardío, el conjunto subterráneo se cierra de manera ritual pero no por ello es ajeno a las vicisitudes sociales posteriores. Hay intentos de abrir las cuevas en épocas posteriores, probablemente para ser saqueadas y reocupadas, cosa que no se consigue para la segunda cueva pero sí para las anteriores.

Aquí nos proponemos hacer algunas consideraciones generales sobre la reocupación de esta cueva para el Postclásico temprano en un momento que fue reutilizada como lugar de enterramiento. La principal finalidad era en definir en qué momento cronológico nos encontramos y en que materiales cerámicos se encuentran asociados. Se concentraron los trabajos en los cuadros con mayor abundancia de material. Nuestro interés también radicaba en el análisis de las cerámicas encontradas directamente asociadas a dichos entierros.

Como se ha mencionado anteriormente, la estratigrafía de la Cueva III se encuentra definida por tres grandes momentos: un suelo de ocupación conformado por un apisonado de tierra a -4.50 mts de profundidad, un relleno compuesto por principalmente por piedras y tepetate de -4.50 a-2.00 mts y una capa arcillosa, con finas arenillas donde se encuentran dichos entierros, de -2.00 mts hasta la superficie.

El material asociado a los entierros se encuentra bastante fragmentado, tenemos escasas piezas conservadas en poco más del 50% de la misma y tan sólo un caso donde se conservó una pieza entera. Existe una gran cantidad de material teotihuacano asociado al material Postclásico identificado pero éste pertenece a fases tardías en su gran mayoría Xolalpan -Metepec, aunque también se han encontrado materiales de fases anteriores. El material Postclásico disminuye a medida de que vamos profundizando en las capas estratigráficas siendo casi inexistente al llegar al nivel de suelo de ocupación aunque no deja de presentarse. Se observa una gran pervivencia de materiales pertenecientes a finales del Clásico teotihuacano con materiales del Postclásico Temprano formando parte de la matriz de los entierros pero no de la ofrenda misma.

El material Postclásico identificado nos muestra un complejo perteneciente a la fase Mazapa, en su mayoría aunque también tenemos tipos pertenecientes al Coyotlatelco y a un posible tipo denominado en el análisis naranja monocromo azteca. Cronológicamente nos atendemos a los datos de Linda Manzanilla para la transición del coyotlatelco/mazapa entre el 900-1000 d. C, considerando las similitudes estratigráficas entre la cueva III, la cueva de las Varillas y la cueva del Pirul (Manzanilla, López y Freter, 1996; Manzanilla, López y Nicolás, 2006). El problema consiste en relacionar estos tipos teniendo en cuenta que los entierros se encuentran en un contexto de relleno. Sin embargo, esta mezcla de materiales puede ser explicado si entendemos el proceso de cambio como un mecanismo progresivo de adaptación de las nuevas formas por sus habitantes[2]. Por la asociación directa de los materiales cerámicos con los entierros, proponemos que la ocupación de la cueva es sobre todo para la fase Mazapa. Conjuntamente con este material nos ha aparecido un tipo que se denominó naranja monocromo azteca que aparece de manera constante asociado con el material Mazapa y los contenedores identificados como Coyotlatelcos. El material coyotlatelco aparece muy escaso en el caso de cajetes con decoración al negativo y más abundante con formas de ollas y cazuelas. La cerámica denominada naranja monocromo azteca se ha considerado como un material local y en uso durante la fase Mazapa[3]. Se encuentra identificado en otros puntos en Teotihuacan y parece ser un material local de la ciudad.

El material más abundante encontrado que pertenezca al Postclásico Temprano y directamente asociado a los entierros, corresponde a la tipología de la cerámica Mazapa. Inicialmente estos tipos han sido fácilmente identificados con base a la tipología cerámica de Robert Cobean[4] (Cobean, 1990).

En términos generales las cerámicas pulidas corresponden a todas las vasijas asociadas a la vajilla de mesa y a contenedores de pequeño tamaño. Dentro de este grupo tenemos también presente una pequeña cantidad de formas cuyo terminado es el engobe y el wash así como la decoración incisa mediante la aplicación de un sello así como la decoración pintada en forma de diseños florales. La vajilla de mesa se compone de platos, cajetes de paredes recto divergentes, cuencos hemisféricos de base plana o ligeramente redondeadas, con o sin soportes.

De bordes generalmente redondeados, ligeramente apuntados o rectos. Existen bordes con un pequeño encaje, aunque son raros y tal vez para un solo tipo encontrado. Se encuentran formas abiertas generalmente asociadas a los cajetes, platos y formas cerradas donde predominan los cuencos hemisféricos. Los contenedores son vasijas de tamaño mediano –Se observan en la frecuencia de algunos tipos de bordes que desaparecen para el Postclásico y el desarrollo de nuevas formas y acabados. En general no se han encontrado bordes expandidos sino que éstos son redondeados, ligeramente abiertos. Son principalmente ollas de cuello alto y cuerpo ligeramente cónicas o globulares de asas simples o dobles de sección circular colocadas en el cuerpo de la vasija. No tienen decoraciones. Se han encontrado pocas bases pero mayoritariamente éstas son planas. Hay pocos materiales que correspondan a artefactos rituales pero sí que se ha localizado unos pocos fragmentos de braseros e incensarios tipo *laddle censers*.

La cerámica Coyotlateco encontrada principalmente en la matriz de la capa VI corresponde a los siguientes tipos:

a) **Cajete hemiesférico con soportes**: Se han encontrado pocos fragmentos de este tipo. Es una cerámica rojo (10 R4/6) sobre café con líneas onduladas siguiendo la forma del vaso con soportes alisados. Normalmente la decoración se encuentra en el interior del vaso aunque se puede presentar una pequeña banda roja en el exterior del labio. Presenta engobe de color café claro (5YR6/4). Par Cobean se encuentra en Tula para la fase Corral (800-900 d.C.) y forma parte de todo el complejo denominado Coyotlatelco Rojo sobre Café que se encuentra en todo el Valle de México para esas fechas (Cobean, 1990). Rattray lo clasifica como Red on Brown Coyotlatelco (Rattray, 1966).

b) **Cajete hemiesférico de forma cerrada**: Probablemente son soportes, acabado pulido color café claro con diseños incisos ondulados con líneas rectas en la superficie exterior, en la mitad superior del cuerpo de la vasija. Muy parecido al tipo Artesia Café inciso de la fase Corral descrito para Tula por semejanzas con los barros locales (Cobean, 1990: 189-193). Formaría parte del grupo denominado por Rattray como Brown-Black Incised Wares (Rattray, 1966).

c) **Cajete hemiesférico**: Seguramente sin soportes de color café oscuro, muy afectado por elfuego. Presenta en la mitad superior de su cuerpo una serie de diseños sellados que son repetitivos. Se han identificado varios diseños: zoomorfo: con la representación de un Tlacuache o Jaguar; simbólico: con el diseño romboidal del Huehueteotl. Identificado para Tula como Jiménez Café sellado perteneciente a la fase Corral: (800-900 d.C.) (Cobean, 1990) y como *Brown Black incised Ware* por Rattray (Rattray, 1966).

d) **Tipos Locales**: Denominamos como tipos locales a aquellos que tan sólo se identifican por el momento como producciones circunscritas a la ciudad y al valle. Asociada a la cerámica coyotlatelco identificada tenemos los siguientes tipos:

---

[2] Se hace notar que los materiales de fase Coyotlatelco no se encontraban mezclados con materiales de fases más tardías como seria la Mazapa, la Atlatongo o la Azteca. En su mayoría se encuentra mezclada con material de fase Xolalpan y Metepec. Esta observación se nota en todos los sitios próximos a la Zona Arqueológica, pero al alejarnos de ésta, los materiales se presentan mezclados con materiales tardíos de fase Mazapa y Azteca. Un ejemplo que se tiene es el caso del sitio La Hacienda de Metepec, en el cual se presenta el material de fase Coyotlatelco con una continuidad de ocupación hasta la fase Mazapa (Gamboa, 1998: 242-243).

[3] Para resolver esta problemática se abrieron todas las bolsas no analizadas con la finalidad de buscar materiales bien definidos y característicos de las fases aztecas en Teotihuacan. No se halló ningún fragmento que pudiera ser azteca, a excepción del tipo que encontramos en la cueva III. El material encontrado responde a la dinámica general de estas capas.

[4] El análisis se realizó durante los meses de mayo a octubre de 1993 y de octubre a diciembre de 1994. Los parámetros utilizados para el análisis de la cerámica corresponden a los básicos de acabado, pasta y forma. En esa época, la tipología al uso para las cerámicas del Postclásico temprano era la que correspondía a las fases Prado y Corral de Tula. Es por ello que, aunque hoy en día contamos con trabajos mucho más actualizados y la imposibilidad de poder revisar de nuevo todos los materiales aquí presentaremos básicamente el análisis realizado en esos años. No obstante, y en la medida de lo posible intentaremos adecuarnos a la cronología y tipología de la cerámica Mazapa actual.

e) **Olla de cuello largo, borde ligeramente abierto y cuerpo ligeramente globular**: Con asas verticales de sección circular, en la mitad superior del cuerpo. Se observa otra variante en el borde más recto. Son recipientes de tamaño grande, bastante abundantes en el contexto estudiado. ACabado bruñido, con señales de pulimiento a palillo. Pintura rojo hematita dispuesta verticalmente e irregularmente en toda su superficie a excepción de la parte interna de las asas y en el interior. Pasta color café amarillento (7, 5 YR 7/4 dull orange), con desgrasante calcáreo bastante grueso. Cocción óxido reductora marcada. No se han encontrado piezas enteras pero podemos asociarla a bases planas, bastante gruesas.

f) **Contenedores acabado pulidos en el interior** (aunque también se encuentra en low polish) **y alisado en el exterior, color café claro**. Se encuentra en tamaño grande para cráteras de labio plano, ollas de borde redondeado ligeramente expandido. Para formas más pequeñas tenemos cajetes hemisféricos con acabado de low polish. Cocción óxido reductora muy marcada, pasta muy compacta y dura con pequeño desgrasante calcáreo y un poco de obsidiana. En las ollas se observa señales de haber estado expuestas al fuego.

Material Mazapa

a) **Mazapa rojo sobre café de línea ondulada:** Identificada en Tula para la fase Corral Terminal (900-950 d.C.). Postclásico Temprano. Cajetes hemisféricos con decoración de líneas onduladas color rojo oscuro. (19 YR4/6). Superficies alisadas. Es probable que pertenezcan a una misma tradición cerámica del Norte de Mesoamérica, rojo sobre café, como Coyotlatelco Rojo sobre Café, Macana Rojo sobre Café, (Cobean1990, 267: 280).

b) **Macana Rojo sobre Café**: Identificado para Tula en la fase Tollán (950-1150/1200 d.C.) y tal vez, también para la fase Corral Terminal. Relacionado con complejos del Postclásico Temprano Terminal en la Cuenca de México y el Valle de Teotihuacan. Cajete trípode hemisférico con soporte hueco cilíndrico. Tiene una banda color rojo oscuro en su interior de 5 cms de ancho. Estrías irregulares en el fondo. Superficies poco pulidas, alisadas en el fondo. Señales de fuego (Cobean, 1990, 289: 303).

c) **Cerámica pulida anaranjada con decoración en pintura blanca con motivos geométricos:** Pasta anaranjada con pintura blanca con motivos geométricos. Pasta anaranjada oscura(10 R4/8 red) con desgrasante muy pequeño y cocción óxido reductora. Cajetes hemisféricos de base plana, no se han encontrado soportes. La decoración parece adscrita a la parte exterior de la vasija y en la base. No está clara su procedencia, no se ha encontrado un tipo parecido para Tula. Tal vez se pudiera considerar un tipo local para Teotihuacan. Sería necesario un análisis de pastas.

d) **Cajete hemisférico o cajete compuesto de base plana con o sin trípodes.** Si éstos se encuentran parecen ser de tamaño pequeño colocados en la parte más extrema de la base más como una decoración que como un soporte de la vasija. Exterior: de acabado que va desde el low polish al alisado fino pero en cualquier caso, la mitad inferior del cuerpo de la vasija se encuentra siempre alisada. Interior: Más cuidado que el exterior con acabados que van del low polish al pulido. A excepción de un tiesto todos presentan un engobe blanco muy deslavado en su interior, que cubre todo el interior de la vasija. Decoración: Parece encontrarse generalizada en todos los tiestos hallados, exterior a base de bandas naranjas (2.5 YR 5/8 bright brown), en la mitad superior de la vasija. En un caso se ha encontrado que la base interior de la vasija se encuentra pintada del mismo color naranja utilizado para la decoración exterior, sobre ésta se encuentra cubierta por el mismo engobe blanco. Pastas amarillentas de cocción óxido reductora, muy cocida con desgrasante de obsidiana. Se encuentra relativamente abundante en la Cueva III y asociada exclusivamente a los entierros. Cobean reporta para Tula un tipo parecido al descrito que llama Jara Anaranjado Pulido, también con un ligero engobe blanco. Se encuentra adscrito a las fase Tollan (950-1150/1200 d.C.) (Cobean, 1990, 335: 350).

e) **Cerámica alisada con una variedad que va desde el café rojizo al bayo**: Tan sólo se han encontrado las bases con soportes de botón muy burdos. En una de las bases parece observarse que el cuerpo de esta vasija tendría un acabado bruñido. En general las pastas son granulosas con tonalidades que van desde el amarillento al anaranjado, de cocción óxido-reductora. Son formas muy burdas. Muy parecido al tipo Abra Café Pulido de la Fase Tollán (950-1150/1200 d.C.) en Tula (Cobean, 1990, 408: 411).

f) **Vaso Efigie**: Olla de acabado alisado con asas verticales de sección circular. Con la representación estilizada, en el cuello de la misma, de una cara humana (con los ojos de grano de café). Vasijas de importación en Tula por el tipo de arcilla limosa (Cobean, 1990, 472: 473).

g) **Blanco Levantado**. Cerámica sin engobe café o roja. Pintura secundaria deslavada, traslúcida blanca o crema, sobre las superficies exteriores de la vasija, a menudo ordenada en un diseño lineal, entrecruzado, similar al tejido de una cesta. Olla globular con paredes delgadas, borde evertido y cuello cilíndrico. Occidente y Bajío. Postclásico Temprano (circa 950-1150 d.C.) (Cobean, 1990, 449: 457).

h) **Plumbate.** Superficies de las vasijas características por su acabado metálico, brillantes, grises o anaranjados. Superficie lustrosa, a menudo iridiscente. Ceremoniales. Jarras globulares simples con cuello cilíndrico junto con vasijas efigie zoomorfas y antropomorfas. Área más probable de origen: el Soconusco (costa del Pacífico), la región fronteriza entre Chiapas y Guatemala. Inmigrantes procedentes de algún lugar de México, fuera del área maya. Grupos de extracción mexicana. Postclásico temprano. Aparece en toda Mesoamérica desde Nayarit y en Centroamérica (Cobean, 1990, 475: 485).

Azteca temprano[5]

a) **Naranja Monocromo:** Perteneciente a pastas naranjas de consistencia granulosa o a pastas finas de consistencia más compacta. Al primer grupo se asocian contenedores de tamaño mediano, ollas de cuerpo globular con asas, ánforas de cuello alto con asas de sección circular y platos. Al segundo grupo se asocian platos, cuencos y recipientes.

Los materiales foráneos son escasos aunque sí que se identificaron algunos que no corresponden a contextos locales o regionales. Podemos destacar dos fragmentos de Marfil Tajín[6] y algunos fragmentos de cerámicas mayoides parecidas a algunas de las que aparecen en el barrio de los Comerciantes. Son 15 fragmentos informes de cuerpo ligeramente globular con grosores que oscilan entre los 4 a 6 mm. Su acabado interior es alisado mientras que su acabado exterior tiene un engobe color naranja (2.5 YR 5-8 bright brown, pasta anaranjada (2, 5 YR, 6-8 orange). Aparecieron asociados con material mazapa[7].

La transición del epiclásico al postclásico temprano no parece que sea tan traumática como la que supuso el fin de la cultura clásica teotihuacana pero en el contexto regional es un periodo de gran movilidad demográfica. Teotihuacan se está ocupando con migrantes procedentes de fuera del Valle que se incorporan a una ciudad que ya no tiene esa complexión de globalidad por la que fue diseñada. Los análisis realizados a los entierros de la cueva del Pirul muestran que procedían de fuera del valle (Price y otros, 2000). A mi entender, los coyotaltelcos y mazapas convivieron en un mismo territorio en un momento histórico en que Tula se está convirtiendo en el poder más allá de sus propias fronteras.

---

[5] Este tipo no se ha identificado hasta la fecha en Teotihuacan. Aparece asociado exclusivamente a material postclásico. Charlton reconoce tipos parecidos en su acabado y pasta en Otumba para un azteca temprano, aunque no reconoce la forma (com. pers). Tentativamente lo hemos manejado como un tipo local asociado alcomplejo del Postclásico temprano.

[6] Estos fragmentos fueron revisados en 1994 por la Dra. Annick Daneels. En una publicación más reciente de la Dra Yamile Lira menciona que "*Cerámica color marfil*. Es el tipo de mejor ejecución y con el baño más perfecto y bastante grueso (*Ibid.*: 150). El barro contiene gran cantidad de caolín, así como óxido de hierro y cloruro de sodio. Algunos tiestos presentan decoración negativa (*Ibid.*: 151), se encontraron en los estratos medios inferiores y parecen ser originarios de El Tajín" (Lira, 1995: 126)".

[7] Estos materiales fueron revisados por el Dr. Raúl García Chávez.

Capítulo 5

Las Cuevas Ceremoniales en Teotihuacan

La cosmovisión mesoamericana aparece como un conjunto muy complejo a los ojos occidentales por las diferencias conceptuales y la multiplicidad de los usos y funciones que establecían los pueblos prehispánicos. El hecho de que, siglos después se analicen desde una disciplina arqueológica, marcada por la materialidad de las evidencias culturales y con una metodología fuera del ámbito de lo inmaterial, resulta a veces muy complicado de delimitar. La praxis de la investigación arqueológica nos mantiene en el marco de los restos y evidencias materiales que se han conservado a lo largo del tiempo. Esta conservación depende de una multiciplidad de factores en los que tiene que ver el tiempo, la consistencia del material, el contexto geológico en el que se han conservado y otros aspectos más circunstanciales como las derivadas de la propia excavación[1]. Es por ello que a veces, en cuanto nos acercamos al mundo de las ideas y de la percepción y construcción de un mundo sagrado por parte de los prehispánicos, sea muy complicado construir una explicación que vincule la materialidad del dato arqueológico con la inmaterialidad del mundo de las ideas. De la misma manera que un objeto tiene diversas lecturas, para la arqueología el objeto también cuenta diferentes historias dependiendo del contexto en que fue encontrado así como las asociaciones significativas con otros objetos. Y todo ello en una temporalidad definida pocas veces en términos absolutos y muchas más en términos relativos.

Es por ello que para construir una historia de las cuevas aquí presentadas se deberá conjugar la arqueología, con la etnohistoria y la antropología teniendo en cuenta, que los tiempos y las culturas cambian aunque las parte de las formas permanezcan.

El papel de las cuevas dentro de la cosmovisión mesoamericana es un factor clave para la comprensión de dichas sociedades a lo largo de toda su historia desde la antigüedad hasta la actualidad[2]. De hecho el estudio del simbolismo de las cuevas en las sociedades mesoamericanas ya conforma toda una línea de investigación propia que excede los objetivos de este libro. No obstante, vamos a presentar muy someramente algunos puntos a tener en cuenta para comprender el papel que tuvieron las cuevas para los teotihuacanos que utilizaron dicho espacio y algunos de las aportaciones que pueden hacerse en el análisis de este conjunto ceremonial subterráneo. Vamos a intentar, por lo tanto, describir aquí los principales usos que tuvieron éstas como espacios arquitectónicos y/o lugares de tipo simbólico y religioso.

Para los pueblos mesoamericanos y por ende para los teotihuacanos, la cueva no es, exclusivamente, un espacio físico de habitación ocupado por un grupo familiar sino que se compone en un es espacio de funcionalidades múltiples que irán cambiando a lo largo del tiempo. Esta multiplicidad de funciones se muestra desde el mismo momento de la existencia de las cuevas sean naturales, parcialmente naturales o construidas (canteras) por los grupos humanos. A medida que los teotihuacanos excavan las cuevas, éstas se convierten en las canteras de cuyos materiales extraídos serán utilizados en la construcción de los edificios principales. A su vez, crearán unos espacios que serán utilizados con funcionalidades distintas a lo largo del tiempo. La construcción de un paisaje cultural y de una cosmovisión es un proceso sociocultural progresivo que tiene en las sociedades complejas, el marco ideal para consolidarse por el papel que juegan las instituciones del poder en generar, constituir y consolidar una manera oficial de entender el mundo y entenderse en él. El concepto tiempo es clave también en el análisis ya que si mantenemos la hipótesis de que las cuevas en Teotihuacan forman parte del mismo origen de la ciudad, hemos de considerar que éstas perduran a lo largo de toda la historia teotihuacana y posteotihuacana. Esta perdurabilidad en el tiempo no ha de ser vista como algo inmutable sino que hay que contextualizarlas en un proceso de cambios sociopolíticos y culturales que afectaran al valle de Teotihuacan durante todo el primer milenio de nuestra era.

El estudio integral de las cuevas como un objeto construido no es nueva (Brady, 1993). En la zona maya se vincula al complejo "cueva –pirámide" en las que éstas juegan un papel substancial en la cosmovisión de los centros urbanos y con aquellas que, sin jugar un papel importante, han sido determinantes en la selección geográfica de los

---

[1] Me refiero si tratamos de una excavación de urgencia o una excavación programada. La rigurosidad científica debe ser la misma pero a menudo se viene mediatizada, como es en este caso, por la propia función de la misma. Respuesta a una necesidad de la administración competente, una investigación universitaria no dejan de tener sus propias peculiaridades.
[2] Las cuevas como espacios simbólicos y rituales son utilizados por todos los pueblos mesoamericanos con lo que la bibliografía es extensa. Curiosamente este aspecto había sido poco tratado en Teotihuacan hasta el descubrimiento de la Cueva de la Pirámide del Sol. Aunque aquí nos vamos a referir básicamente a las cuevas de Teotihuacan, se recomienda hacer el seguimiento de los trabajaos realizados por James E. Brady desde hace más de treinta años en la zona maya y su aportación a la investigación y al conocimiento de las mismas. Podemos destacar trabajos tales como: 1999 Sources for the Study of Mesoamerican Ritual Cave Use, 2nd ed. Studies in Mesoamerican Cave Use, Publication 1, California State University, Los Angeles. 1996 Sources for the Study of Mesoamerican Ritual Cave Use. Studies in Mesoamerican Cave Use, Publication 1, George Washington University, Washington, D. C o 2005 Keith M. Prufer and James E. Brady (eds.) *Stone Houses and Earth Lords: Maya Religion in the Cave Context*. University Press of Colorado. 2005 James E. Brady and Keith M. Prufer (eds.) *In the Maw of the Earth Monster: Mesoamerican Ritual Cave Use*. University of Texas Press, Austin.

sitios (Brady y Bonor, 1993: 76). Para estos autores existe una clara interdependencia de las cuevas y las ciudades de tal manera que si las primeras no existen, las ciudades tampoco[3].

En Teotihuacan, la vinculación de las cuevas con el espacio construido es más que evidente ya que se encuentran completamente constituidas en el mismo centro político–religioso de la ciudad. Si analizamos dichas cuevas exclusivamente como espacios físicos podemos destacar varias funciones: canteras, áreas de habitación, lugares de almacenamiento, "edificios" subterráneos de carácter astronómico.

Se ha de considerar que no tenemos un registro completo de todas las cuevas de Teotihuacan pero a pesar de ello creo que ya podemos ofrecer una propuesta sobre el uso de las mismas, sobre todo gracias a los diferentes proyectos realizados en los últimos veinte años que han cambiado de manera sustancial nuestro conocimiento. El área donde se concentra mayor número de cuevas comprende el noreste del valle y corre en dirección noreste-sureste desde la llamada ciudad vieja -Oztoyahualco-hasta el pueblo de San Francisco Mazapa. El término Oztoyahualco se ha traducido como "en el círculo de cuevas "ya que aquí se localizan gran cantidad de cuevas y/o túneles, algunos de ellos de gran tamaño. No es casual que ésta sea el área de mayor actividad constructiva y lugar de construcción del centro religioso de la ciudad. La consideración de que los teotihuacanos excavaron las cuevas las conviente en las canteras y en la materia prima de la construcción del propio centro de la ciudad. Las investigaciones realizadas por Linda Manzanilla en las cuevas al este de la pirámide del Sol dan fechas tempranas del 80 d.C. (Beta 69912) (Manzanilla, 1994a: 59) que coinciden bien con el momento de construcción del centro. Esta dinámica física se convertirá en paralelo en una argumentación cosmológica y en la creación de una geografía sagrada.

No podemos afirmar con claridad que las cuevas hayan sido lugares de habitación durante el periodo clásico. Por un lado, hay evidencias al menos en las cuevas que se excavaron durante los años noventa, que fueron transformadas y reocupadas en periodos posteriores, por lo que no tenemos evidencias claras de que, durante el periodo clásico fueran utilizadas como lugar de habitación. Basante reporta, materiales del clásico teotihuacano en pozos de sondeo realizados en algunas de las cuevas de Oztoyahualco pero no asegura que corresponda a un nivel habitacional o si deban ser considerados como parte de una ocupación o del relleno (Basante, 1986)[4] Este mismo autor remarca que ya desde el período clásico las cuevas fueron utilizadas como basureros[5].

Hay algunas referencias que nos indican que las cuevas fueron utilizadas como lugares de almacenamiento. No sería extraño ya que las cuevas, una vez excavadas, proporcionan un gran espacio con un microclima estable y por sus características propias, un espacio de fácil control social. Sin embargo, tenemos pocas evidencias de que así fueran utilizadas en época clásica. Volvemos de nuevo a pensar en ese momento crucial de reocupación subterránea posteotihuacana que ha marcado de manera muy significativa el registro arqueológico. No obstante tenemos algunos datos de fases posteriores como es el relato de la "construcción" del restaurante La Gruta a principios de siglo XX, se sacaron gran cantidad de vasijas, probablemente posteotihuacanas[6] (Basante, 1986: 90). Sabemos muy poco de las exploraciones y usos de las cuevas durante el periodo virreinal. Manuel Gamio menciona las casas cuevas en Santa María Cozotlan destacando que no son casas pobres sino más bien una costumbre local en la que las clases más pudientes embellecen las entradas y los interiores de dichas casas[7].

En el Archivo General de la Nación de México, existen varios expedientes que nos pueden dar algunos indicios. Uno de ellos se refiere a los trámites solicitados para la explotación de barros sacados de dos cuevas en San Lucas Tepango adscrito a la jurisdicción de San Juan Teotihuacan[8]. En 1798, el Sr Ignacio Javier de Larrañaga y Doña Antonia Josefa Alva Cortés, viuda del cacique D. José Antonio Torres, solicitan permisos para la explotación de los barros de dichas cuevas con la finalidad de producir crisoles y otras vasijas muy especializadas ya que se vinculan a los

---

[3] Habría que matizar un poco esta afirmación ya que la existencia de cuevas depende también de las condiciones geológicas del medio y el grado de complejidad social de los grupos.
[4] Revisamos las estratigrafías que Basante anexa en su Tesis de Licenciatura. A veces se pueden asociar materiales a apisonados de tierra pero no tenemos pruebas concluyentes de que pertenezcan a suelos de habitación.

[5] Una ciudad como Teotihuacan tuvo que generar una gran cantidad de basuras tanto de desechos orgánicos (animales y vegetales) como inorgánicos (deshechos de talla, fragmentos de lapidaria, huesos, concha, cerámica….). Las excavaciones en la Ventilla han mostrado que las calles fueron utilizadas como basureros en períodos de uso de las mismas (no como parte de una amortización del terreno). No sería descabellado suponer que algunas cuevas pudieron ser utilizadas como basureros. No obstante, no se han encontrado evidencias en el áreas de las cuevas alrededor de la Pirámide del Sol.
[6] Basante tuvo acceso a los apuntes de clases de Pedro Armillas donde éste contaba que en el momento que construyeron el Restaurante "La Gruta' se extrajeron gran cantidad de vasijas de almacenamiento.
[7] "las cuevas son de muy distintas medidas y de forma irregular: las hay de diez, de doce y hasta de veinte metros. En estas cuevas se encuentran, además del fogón con el comal y el metate, cajones, baúles, mesas, altares con santos, etc. El humo que produce la leña al arder, a pesar de que generalmente se coloca esta cerca de otra grieta que sirve de respiradero, llena por completo la gruta haciendo la atmófera irrespirable (Gamio, 1922: 586)".
[8] Archivo General de la Nación/Instituciones Coloniales/Gobierno Virreinal/Industria y Comercio (059)/Contenedor 03/Volumen 4/ Expediente 12. Año 1798. Volumen y soporte: Fojas: 252-254 Contenido: Ignacio Javier de Larrañaga y Antonia Cortes, sobre privilegio exclusivo para extraer y beneficiar el barro que se encuentra en dos cuevas en el pueblo de San Lucas Tepango, jurisdicción de Teotihuacan.

Archivo General de la Nación/Instituciones Coloniales/Real Hacienda/Casa de Moneda (021)/Volumen 82/Expediente 28. Fecha(s): Agosto18 de 1798. Fojas: 272-278. contenido: Ignacio Xavier de Larrañaga y Antonia Josefa Alva Cortes, denuncian dos Cuevas de Barro y solicitan se les adjudiquen para explotarlas. Se les pide exhiban piezas de dicho barro para justificar su solicitud. ciudad de México.

procedimientos de la fundición y amalgama del oro y la plata así como a morteros para los hospitales. El informe del superintendente de la Real Casa de la Moneda propone que se les autorice la explotación de los barros de dichas cuevas pero no para el uso que los solicitantes desean debido a que, tal como argumenta el superintendente, la muestra de barro crudo que han presentado no permite poder garantizar la calidad del mismo. La documentación no nos permite resolver si finalmente consiguieron el marchamo de calidad de los barros pero sí que resulta cuando menos interesante que se intentara vincular la explotación de los barros de dichas cuevas a una producción altamente especializada y vinculada con la administración virreinal como era la minería de plata y oro. No era una cuestión baladí garantizar la calidad de los barros presentados por parte de la administración virreinal[9]. Otra información se refiere a las salitreras existentes en el valle y sus alrededores aunque no podemos por ahora vincular su explotación a las cuevas[10].

En 1995, Luis Manuel Gamboa Cabezas informó que, en el transcurso de las excavaciones de salvamento en la periferia, se había localizado, una cueva en las afueras del municipio de San Martín de las Pirámides en la que había constatado la existencia de cerámicas completas de almacenamiento posiblemente de época azteca[11]. A fecha de hoy no me consta que se haya hecho ningún tipo de intervención[12]. Vale la pena mencionar brevemente aquí, los silos aparecidos en la Cueva de las Varillas que, aunque se encuentra muy relacionada con áreas de entierros, muestran también estructuras para el almacenaje[13] (Manzanilla, 1994a, 1994c). Sin duda alguna, no hay que olvidar que el uso de cuevas como lugares de almacenamiento, guarda de animales y aperos de labranza es una actividad de uso cotidiano.

Podemos citar el uso de las cuevas como lugares de entierros, entendiendo el espacio funerario como una estructura física de ser el lugar dónde se depositan los cuerpos y no tanto por su connotación religiosa. No deja de tener una especificidad propia por ser un espacio conceptualizado como arquitectónico. En Teotihuacan, aparecen abundantemente tanto en época clásica como postclásica probablemente asociados a ritos de fecundidad de la tierra y culto a Tláloc (Armillas, 1950; Basante, 1986; Heyden, 1973, 1975, 1981; Soruco, 1985, 1991; Manzanilla, 1994a, 1994c; Moragas, 1994).

Finalmente hay que mencionar las cuevas como observatorios astronómicos y estructuras ceremoniales, tema que es sujeto de estudio en esta publicación. En el sentido que aplica James Brady a una arquitectura subterránea propia, integrada a la ciudad, se puede afirmar que el conjunto ceremonial subterráneo no debe de verse como un elemento aislado dentro de la dinámica urbanística y sociopolítica de la ciudad sino como parte integrada de la misma.

Como se ha descrito en el capítulo anterior, las denominadas Cuevas I-II y III, se encuentran rodeadas por un muro de gran grosor que delimita un espacio muy restringido. El acceso a este grupo no fue localizado en la presente excavación ya que se encuentra cubierto por las construcciones realizadas en la década de los ochenta. En el salvamento realizado en esta época se propuso que el acceso se encontraba en el lado sureste. No hay ningún motivo para dudar de esta aseveración dado que delimitamos todo el perímetro de este muro a excepción del mencionado lado sureste.

Durante el proceso de excavación se vio que las tres cuevas forman parte de un mismo complejo arquitectónico, delimitado por el muro perimetral pero dejando abierta la posibilidad de la prolongación de la Cueva III en su lado este[14]. De hecho podemos considerar que el acceso principal se realizaba en esa dirección y no tanto descolgándose por los orificios en el techo de las dos cuevas. De esta manera se debe de suponer que la estructura subterránea se compuso de un acceso principal por el este al cual se accedía a una sala mayor en eje este –oeste de aproximadamente unos 25-30 mts de largo que terminaba en el fondo a los dos espacios marcados por los orificios realizados desde el techo. Por un lado darían algo de luz natural y por el otro lado cumplirían sus funciones cosmogónicas y astronómicas. Sin embargo, se ha de discurrir con mayor prudencia por la falta de contextos in situ del clásico, sobre todo en la cueva III.

Si atendemos a las propuestas de Enrique Soruco y posteriormente las investigaciones de Rubén Morante; las cuevas I y II tienen una fuerte connotación astronómica como marcadores del paso cenital (Soruco, 1985, 1991; Morante, 1996). Ambas podrían marcar la entrada del sol al Mictlan, elemento de la mitología nahua (Broda, 1982; Manzanilla, 1994a, 1994c). No obstante, diverjo sobre la idea de considerar a la laja altar de la cueva II como un marcador astronómico de las mismas características que las de la Cueva I. Las características de la Cueva III no permiten establecer con claridad su papel como marcador astronómico. Aunque sí se encontró en el relleno de la

---

[9] Archivo General de la Nación/Instituciones Coloniales/Gobierno Virreinal/Industria y Comercio (059)/Contenedor 03/Volumen 4. Expediente 12. Año 1798. Fojas: 252-254. Contenido: Ignacio Javier de Larrañaga y Antonia Cortes, sobre privilegio exclusivo para extraer y beneficiar el barro que se encuentra en dos cuevas en el pueblo de san Lucas Tepango, jurisdiccion de Teotihuacan.

[10] Hay que reconocer que no me queda claro este último punto ya que, en una serie de mensajes con el Dr Luis Barba del Instituto de Investigaciones Antropológicas me explicó que dicha explotación no sería factible para las cuevas de Teotihuacan. En todo caso me parece interesante mencionarlo como posibles explotaciones económicas de las cuevas en términos generales.

[11] Cabezas Gamboa informe técnico entregado a la ZAT en 1994.

[12] La información se presenta voluntariamente de manera poco detallada en lo que se refiere a la situación exacta de dichas cuevas. Estando en lugares fuera de la protección directa del INAH soy de la opinión de ser imprecisa en su localización para preservar, en esta manera, su contenido a la espera de una actuación científica.

[13] En la literatura arqueológica mexicana los silos son a menudos referidos como formaciones troncocónicas.

[14] En el momento que escribí la tesis de licenciatura mi lectura estuvo muy marcada por la propia dinámica de la excavación y el desarrollo accidental de la misma. De esta manera, la denominación de Cueva II y III se referían al mismo proceso de excavación. Ello llevó a un primer momento a considerar a ambas cuevas como unidades aisladas.

cueva una laja de características parecidas, ignoramos si puede existir o no otro marcador de carácter astronómico teniendo en cuenta de que el acceso a la misma es similar a la de las otras dos cuevas.

Si así fuera, se debería considerar que tenemos dos cuevas diferenciadas físicamente; la que se consideraría como la Cueva I concebida en su origen como una unidad independiente y la segunda cueva (Cueva II y III) que serían una misma unidad. Sin embargo, hay que considerar que todo el conjunto funcionó parcialmente de manera diacrónica en el tiempo.

Usos arquitectónicos de las Cuevas:

Canteras

Localización: Desde Oztoyahualco hasta San Fco Mazapa.
Cronol.: Preclásico Superior-Clásico.
Cvas: Posiblemente todas las localizadas.
Bibl: Sanders (1964), Obermeyer (1963), Manzanilla (1994a, 1994b).

Habitacionales

Localización: Desde Oztoyahualco hasta San Fco Mazapa.
Cronol: Preclásico Superior-Clásico.
Cvas*:
Oztoyahualco: Cva I, Cva III, Cva IV, Cva VI, Cva VII.
S. Fco Mzp: Cva I, Cva II, Cva V.
Cva de la Basura, Cva del Pirul, Cva de las Varillas, Cva del Camino.
Bibl: Basante (1986), Manzanilla (1994a, 1994b)

*En el caso de las cuevas reportadas por Basante, los datos son muy escasos. Se ha tomado como referencia a aquellas cuevas en que define apisonados y material arqueológico, sobre todo cerámico.

Almacenes

Localización: Noreste Pirámide del Sol hasta San Fco Mazapa.
Cronol: Clásico-Postclásico.
Cvas: Restaurante "La Gruta", Cva de las Varillas, Cva S. Martín, Cva de Las Palmas.
Bibl: Armillas (1950), Basante (1986), Manzanilla (1994a, 1994b), Gamboa (com. pers.).

Lugar de extracción de barros

Documentación colonial del siglo XVIII A G N Moneda vol 82,

Basureros

Localización: Desde Oztoyahualco hasta San Fco Mazapa.
Cronol: Clásico hasta la actualidad.
Cvas: No se especifican.
Bibl: Basante (1986).

Entierros

Localización: Noreste Pir. Sol-San Fco Mazapa.
Cronol: Clásico-Postclásico.
Cvas:
E. Pir Sol: Cva de las Varillas, Cva del Pirul.
SE Pir Sol: Cva I, Cva II, Cva III.
San Fco Mazapa: Cva V, Pozo de las Calaveras.
Bibl: Armillas (1950), Soruco (1985), Basante (1986), Manzanilla (1994a, 1994b), Moragas (1994a, 1994b, 1995, 1998).

Observ. Astronómicos

Localización: SE Pir. Sol.
Cronol: Clásico.
Cvas: Cva I, Cva II.
Bibl: Soruco (1985, 1991), Moragas (1994a, 1994b), Morante (1996).

5.1 Las cuevas como espacios políticos y simbólicos

Entramos en un aspecto muy sugerente de la interpretación arqueológica de las cuevas en Teotihuacan. Desde el momento en que observamos que la construcción de las cuevas está vinculada al hecho de ser las canteras que proporcionaron el material para la construcción de las principales estructuras monumentales del centro religioso de la ciudad, el escenario interpretativo es muy sugerente. A pesar de que los teotihuacanos tienen unas formas muy particulares en representarse, lo cierto es que no dejan de ser una cultura mesoamericana aunque desde la arqueología nos cueste más poder llegar a una interpretación de sus rituales. Dentro de la historiografía de la arqueología de Teotihuacan cabe mencionar el posicionamiento más o menos generalizado que se ha desarrollado desde hace poco más de veinte años que ha marcado la interpretación de los datos. Desde fines del siglo pasado, David Carrasco y sobre todo Linda Manzanilla, que desarrollarán arqueológicamente este concepto marcan la idea de que los teotihuacanos fueron una sociedad atípica entre los mesoamericanos por su marcado interés en promocionar lo corporativo frente a la individualidad (Manzanilla, 2001) y la falta de una escritura evidente y reconocible en la ciudad. Esta cuestión has marcado la historiografía y las investigaciones en los últimos quince años. No obstante hay que reconocer que la aplicación sistemática de técnicas arqueométricas aunado a un registro más cuidadoso de la metodología de campo esta mostrándonos resultados espectaculares para la comprensión de dicha ritualidad. Teotihuacan está en los detalles. No puedo evitar a referirme a proyectos recientes como el de Teopancazco dirigido por la Dra. Linda Manzanilla o el actual proyecto en marcha de la excavación y exploración del túnel que discurre desde la Ciudadela hacia el Templo de la Serpiente Emplumada bajo la dirección de Sergio Gómez o el Proyecto de la Pirámide del Sol, dirigido por Alejandro Sarabia como ejemplos de ello. Es por ello que ahora se requiere establecer, con la mayor prudencia posible, una realidad clara entre la materialidad del registro arqueológico conservado y la lectura, matizada por la tradición indígena, de una realidad prehispánica del pasado·

Como ya se mencionó en páginas anteriores, los teotihuacanos como parte de los pueblos mesoamericanos, compartieron muchas de las maneras de percibir y entender el mundo. Siguiendo la definición de Broda, la cosmovisión es: "...la visión estructurada en la cual los antiguos mesoamericanos combinaban de manera coherente sus nociones sobre el medio ambiente en que vivían, y sobre el cosmos en que situaban la vida del hombre... (Broda, 1991: 462)". De esta manera, hemos de entender que el simbolismo reflejado en las cuevas de Teotihuacan ha de ser entendido como cambiante a lo largo del tiempo y multifuncional, dada la multiplicidad de los elementos simbólicos que se generan en las cuevas como espacio de la representación de lo inmaterial de una cultura. Sin embargo, no debemos tampoco olvidar que los materiales arqueológicos "corren" con diversas velocidades, siendo muy distinto si estamos considerando materiales con funciones rituales o funciones utilitarias.

El uso de las fuentes etnohistóricas y las tradiciones indígenas nos permiten aportar ideas para la interpretación arqueológica. Sin embargo se requiere, insisto de cierta prudencia, sobre la perdurabilidad y el tiempo de cambio; así como de la construcción histórica de las mismas en época prehispánica[15]. Una fuente nunca es neutra sino que se ha escrito con una finalidad y en un contexto histórico propio. De la misma manera que el registro arqueológico depende de las circunstancias que han hecho posible su conservación, hay que considerar que las analogías que se hacen para interpretar la cosmovisión prehispánica a través de tradiciones históricas y antropológicas han de ser estudiadas teniendo en cuenta que no son inmutables, ni en el pasado ni en la actualidad.

En definitiva, Teotihuacan se tendrá que inventar culturalmente, tanto en el origen de su propia existencia como a lo largo de toda su historia y considero que las cuevas de la ciudad formaron parte de este discurso político y cosmogónico de las elites gobernantes.

Una de las tradiciones más extendidas en Mesoamérica y que perdura a lo largo de toda su historia, hasta hoy en día, es la que considera que las cuevas conforman el Chicomoztoc[16], el lugar legendario de donde se supone que partieron las tribus nahuatlacas en su peregrinación hasta el valle de México. En el Postclásico temprano aparece en el *Códice Rollo Selden, Códice Antonio de León* (Oaxaca) o la *Historia Tolteca-Chichimeca* (Puebla-Tlaxcala)[17]. La presencia de Teotihuacan en las fuentes del posclásico es clave para vehicular continuidades y transformaciones en el imaginario subterráneo de los pobladores del valle. El códice Xolotl muestra a el topónimo de Teotihuacan como dos pirámides sobre una cueva con un personaje dentro (Heyden, 1981).

Teotihuacan no va a ser una excepción. Aunque historiográficamente, la relación entre Teotihuacan y el Postclásico ha tenido ciertos altibajos, lo cierto es que se sigue utilizando para contextualizar esa geografía sagrada. Mientras que algunos autores han querido establecer una vinculación clara entre el simbolismo de Teotihuacan a lo largo del tiempo, otros investigadores argumentan que poco hay del Clásico teotihuacano en el valle a partir de la caída de la cultura clásica[18].

Es inevitable considerar que las cuevas en Teotihuacan tuvieron algo que ver con los propios mitos de origen y de la creación de lo teotihuacano y obviamente en la construcción de un modelo político del poder. Retomando las cuestiones arqueológicas sobre el origen de Teotihuacan y las escasas evidencias que tenemos sobre un desarrollo endógeno explosivo de poblaciones locales en el origen de la ciudad; se ha llegado al consenso actual de que los movimientos de reacomodo poblacional en el cambio de era fueron determinantes para el desarrollo de la ciudad como un gran proyecto mesoamericano. Todas las sociedades deben de construirse sobre sus propios mitos de origen y los teotihuacanos no son la excepción.

No tenemos muchos datos de las cuevas a partir del periodo virreinal pero algunas ideas pueden sugerirse a tenor de las referencias que publicó Manuel Gamio en su magna obra de la población del Valle de Teotihuacan coordina una serie de investigaciones sobre las creencias de los habitantes del valle. Para la población indígena, la cueva se asocia al

---

[15] Otro beneficio, mayor aún, de esa reapreciación del Septentrión mesoamericano es una percepción más inteligente de las fuentes históricas indígenas de tradición náhuatl. En efecto, anteriormente, el esplendor irradiante de la metrópoli teotihuacana aparecía como el único antecedente significativo para el Postclásico Temprano en el Centro. El aporte de los pueblos históricos norteños, reivindicado en las fuentes, aparecía en las interpretaciones arqueológicas como nulo o poco relevante, ya que supuestamente estos inmigrantes habrían sido bárbaros, y estarían ávidos de asimilarse a la alta civilización del Centro (Hers, 1991: 2)".

[16] Chicomoztoc: *chicome*: siete, *óztotl*: cueva CABRERA (1992: 65).

[17] Aquí sólo enumeramos algunos textos de origen nahua que se refieren al paso de los pueblos chichimecas por el valle de México. Para mayor información se recomienda revisar Limón Olvera 1990 o Manzanilla 1994a.

[18] Un ejemplo clásico lo constituye los trabajos de Laurette Séjourné para Teotihuacan en los que hace una interpretación mexicanizada de los edificios que excavó interpretando de manera cuasi literal, los edificios teotihuacanos con los homólogos citados y descritos por las crónicas indígenas y peninsulares del XVI. El hecho que desconozcamos el idioma que hablaban los teotihuacanos y su escritura aunado a las pocas referencias de culturas contemporáneas que hagan referencia a Teotihuacan, ha sido fácil/útil utilizar terminología mexica para referirse a aquellos símbolos e imágenes que nos aparecen representados. Es por ello que el uso de Tláloc, Tlalocan, Quetzalcoatl, quicunce .... etc son comúnmente usadas por los especialistas y el gran público para referirse a elementos del clásico. El riesgo consiste en asumir que debamos dar las mismas acepciones y significados que tuvieron en las sociedades postclásicas a dichos símbolos en un contexto sociopolítico y cultural del primer milenio de nuestra era. Es por ello que, progresivamente algunos investigadores han empezado a matizar el uso de determinadas terminologías como en el caso del Templo de Quetzalcoatl, desde el proyecto de los años ochenta ha enfatizado en el término de Serpiente Emplumada por entender que responde más al concepto de la entidad que era en el Clásico que la del dios Quetzalcoatl del Postclásico.

infierno por un lado[19] pero también se vincula a historias más afables como el cuento de una Cueva encantada que concedía deseos (Gamio, 1922: 315).

5.2 Las cuevas y la cuestión del poder

Cabe hacer mención el impacto que tuvo el descubrimiento de la cueva de la Pirámide del Sol. James Brady analiza el impacto que supuso para la investigación de cuevas en Mesoamérica la aportación de Doris Heyden y sus propuestas para la Pirámide del Sol. Según Brady, marca un parte aguas en la historiografía de la investigación subterránea incorporando aspectos procedentes del campo de la etnografía y la etnohistoria. Mientras que las investigaciones sobre cuevas en el área maya siguieron durante muchos años el modelo presentado por Thompson; Heyden aportará una visión de las cuevas más allá de un espacio con una función determinada[20]. Para René Millon, George Cowgill y Doris Heyden, entre otros, dotaba de comprensión el propio origen y disposición de las pirámides y justificaba el discurso político religioso de la ciudad. Hay que recordar que en aquellos años, el modelo teórico en el que se basaba la investigación en Teotihuacan era el propugnado por René Millon de peregrino-templo-mercado y desarrollado también por Linda Manzanilla, al considerar los conjuntos de tres templos como el centro clave de redistribución y control de bienes de subsistencia y suntuarios(Millon, 1976; Manzanilla, 1993). La explicación estaba razonada desde una perspectiva materialista, política y económica pero faltaba un aspecto El descubrimiento de dicha cueva dotaba a la ciudad del "axis mundi "y el aspecto religioso necesario para terminar de generar un modelo que combinara los factores económicos con los ideológicos para entender el éxito teotihuacano (Heyden, 1973, 1975; Millon, 1981; Cogwill, 1977, 1988). Sin embargo, no es una interpretación tan literal que nos permita asociar de manera unívoca la Cueva de la Pirámide del Sol como el único *axis mundi* de la cosmovisión teotihuacana. Los teotihuacanos, como parte de la civilización mesoamericana, conforman un modelo mucho más complejo de lo que significa este *axis mundi* bajo su propio escenario político cultural en una sociedad cambiante[21]. Es por ello que hay que reconocer que, en el momento en que el mural de Tepantitla se realiza, en el concepto de *axis mundi* hay que vincularlo a otros elementos. Headrick vincula el árbol, la montaña volcánica y en menor sentido, la cueva a tenor de su manifestación que: "Remembering the cleft mountain behind the Moon Pyramid, it is an easy conceptual leap to recognize that Cerro Gordo was Teotihuacan's archetypal *axis mundi*, whether it appeared as a mountain or a personified being (Headrick, 2007: 30)".

Brady, desde su ámbito de las investigaciones en las cuevas en el territorio maya, reflexiona sobre el papel de las cuevas como centros sagrados de peregrinación[22]. Teotihuacan como centro de peregrinación y, en consecuencia, las cuevas como parte del motor económico ritual. En Teotihuacan, Millon, Cowgill y Heyden dotaron a este espacio de un valor simbólico e identitario clave en la construcción de la ciudad y su legitimación simbólica. Todos sabemos que las ciudades, además de su expresión física, tienen expresiones simbólicas que generan espacios de poder político y sagrado combinados. Incluso en una sociedad tan especializada y compleja como la teotihuacana no hay una separación indivisible entre lo político y lo religioso, elemento característico de las sociedades antiguas.

La cueva de la Pirámide del Sol por lo tanto, se convertía en un espacio privilegiado de los sacerdotes gobernantes, lugar en dónde se podían realizar oráculos y/o ritos de pasaje y de transmisión del poder[23] (Heyden, 1973, 1981, 1991). Es por ello que retomando a Doris Heyden que, citando a Fray Jerónimo de Mendieta refiriéndose al mito mexica de creación del Quinto Sol en Teotihuacan *"... cuando aquel se lanzó al fuego y salió el Sol, un otro se metió en una cueva y salió Luna"*. Vincula dicha cueva con el origen mismo de la ciudad y de la cultura teotihuacana (Heyden, 1991: 287)[24]. La forma cuatrilobulada de la cámara principal que, conjuntamente con las laterales conformaría tan legendario espacio (fig. 103, Heyden, 1973, 1975, 1981).

No obstante, las investigaciones realizadas en los últimos años matizan el modelo utilizado y repetido hasta la saciedad del modelo homogéneo del poder teotihuacano hacia modelos de gobierno compartido no hegemónico. Personalmente, creo que se conoce hoy en día más como los teotihuacanos ejercen su poder en el territorio y sus relaciones entre elites que la estructura política que gobernaba la ciudad. En algunos trabajos he considerado que el modelo de gobierno de los teotihuacanos se acerca a los sistemas de gobierno duales/compartidos que otras culturas de la antigüedad desarrollaron en algún momento de su historia (Moragas, 2012)[25]. Si somos consecuentes con el cambio del modelo de cómo ejercían el poder las elites teotihuacanas deberíamos reflexionar como afecta a la propia interpretación de las cuevas y su papel en la construcción política –simbólica de la ciudad y sus

---

[19] "El infierno es una cueva que existe en el centro de la tierra y que va a desembocar en la superficie en un lugar sólido . En su interior se encuentra un enorme horno en donde se quema cantidad incalculable de leña. Los diablos son sus habitantes y cuidan que nos e les escapen las personas que van a dar a ese lugar espantoso. Están armados de bieldos con los que sin cesar pinchan las almas para hacerles mayores daños (Gamio, 1922: 210).
[20] "In focusing on the meaning of caves rather than simply on their function, Heyden pointed the way to understanding the centrality of caves in Mesoamerican cosmology. This understanding is important because it opens the door to identify "uses" of caves that are chiefly symbolic (Brady, 2000: 9)".
[21] Insisto que, a pesar de las dificultades propias de la arqueología teotihuacana, no debemos de asumir que esta cultura se mantuvo inmutable en sus formas sociales a lo largo de más de seis siglos.

[22] "En todas las culturas, sabemos que la presencia de un centro sagrado de peregrinación dentro de los límites de una identidad política siempre es considerada como una señal de favor sobrenatural y es motivo de un gran orgullo (Brady y Sears, 2000: 221)".
[23] La vinculación con la imagen de Chalcatzingo donde un personaje habla desde el interior de una cueva refuerza dicha idea.
[24] Cita de Mendieta 1945: I 87.
[25] No es mi intención aquí desarrollar el debate sobre los diferentes modelos del ejercicio del poder en Teotihuacan y las diferentes propuestas manejadas por los investigadores desde el siglo XX hasta la actualidad. El tema excedería con creces el foco de este trabajo.

habitantes. Es por ello que si ya no consideramos un modelo hegemónico de un estado compuesto por sacerdote-gobernantes y nos vamos a modelos más heterogéneos del poder hemos de valorar como integramos las cuevas en dicho modelo.

Otro elemento clave es la temporalidad. Los imaginarios y la función de los objetos son transformables. Como mencionamos en páginas anteriores, la historia teotihuacana es muy compleja de analizar por la homogeneidad del dato arqueológico. No obstante, desde una perspectiva macro creemos que se pueden considerar "crisis" o "momentos" claves de la historia de la ciudad en las que las cuevas forman parte de esta construcción física y simbólica. Por otro lado, la construcción de las cuevas es también un proceso con una temporalidad concreta y por lo tanto también la reocupación de las mismas.

Finalmente, ¿cómo poder validar arqueológicamente una peregrinación? Tradicionalmente responderíamos que con la presencia de elementos teotihuacanos fuera del territorio de la ciudad. Sin embargo, en estos últimos años se ha mostrado que la presencia de objetos teotihuacanos por ellos mismos no explican los complicados mecanismos sociales y culturales de intercambio y de interacción entre grupos, no que tampoco responda a modelos homogéneos de intercambio. En el caso de una peregrinación, la ritualidad del acto parece ser un elemento clave tanto en los tiempos precisos como en la repetición del mismo. Sin embargo, asumimos que la ritualidad que se describe en Mesoamérica, vinculada normalmente a comunidades nahuas o mayas, es esencialmente la misma que en las religiones antiguas mesoamericanas[26]. Este aspecto se debe de tratar con mucho más cuidado.

De la misma manera que considero que el gobierno de la ciudad tuvo que sufrir cambios a lo largo de toda las historia teotihuacana, lo mismo tuvo que suceder con la construcción de una ideología *ad hoc*.

Lo que sí que parece que es una constante en las cuevas que aquí se presentan es que se encuentran en el centro político y religioso de la ciudad. Su vinculación con las elites y con el poder político parece más clara que su integración en un modelo de peregrinación masiva. En el caso de las cuevas astronómicas, la accesibilidad a dicho lugar se veía muy restringida por el hecho de estar rodeada por un muro grueso, de talud vertical y accesible solamente por una entrada.

5.3 Las cuevas como espacios simbólicos

La simbología de la cueva dentro de la sociedad teotihuacana es un aspecto muy complejo de definir dado que no tenemos un imaginario claro a diferencia de lo que conocemos de culturas mesoamericanas posteriores o de los relatos posteriores ya en época colonial.

Una de las problemáticas que se deriva para el estudio del valor simbólico de las cuevas en la sociedad teotihuacana a lo largo de su historia es justamente la claridad en la lectura del símbolo y su significado. A diferencia del uso y función de las cuevas en sus aspectos más físicos (almacenamiento, religioso, habitacional), en lo simbólico la realidad es mucho más poliédrica. Además hay que tener en cuenta otros factores dentro del análisis, como son las diferentes disciplinas con sus correspondientes metodologías que marcan la línea de la investigación. Resulta difícil trasladar los elementos de la cultura material a niveles de abstracción simbólica. En todo caso tenemos algunos elementos que nos complementan la imagen arqueológica de la presencia de las cuevas en el imaginario colectivo de los teotihuacanos. Ya hemos mencionado que las cuevas parecen estar vinculadas desde el primer momento al proceso constructivo de la ciudad y en paralelo a una construcción del imaginario político –simbólico de la misma ciudad. Y en ese proceso se construye una cueva como parte del imaginario legitimador de las elites gobernantes que se aunará a otras ya existentes. Sin embargo, en la medida que una cueva tiene un significado físico pero también simbólico que forma parte de procesos de sacralización y de los rituales del poder, la iconografía y el simbolismo asociado a éstas aparece mucho más complejo y mucho más indivisibles de otros conceptos asociados. La imagen de las cuevas no se verá aislada como tal sino como parte de un complejo ideológico que irá transformándose a lo largo de la historia teotihuacana. Un ejemplo es el que muestra Sonia Lombardo cuando menciona que el jaguar teotihuacano (dios I teotihuacano) comparte con otras tradiciones simbólicas mesoamericanas, la asociación con las cuevas, siendo su boca una representación de la entrada a éstas (Lombardo, 2001: pag 27 fig. 61, fig. 62 y fig63). Asimismo se vincula con el agua, tanto porque desde su hocico-caverna surge el agua como porque se desvincula de elementos flamígeros (característico del jaguar olmeca) y se asocia al ojo con plumas verdes que se ha interpretado como manantial u ojo de agua[27]. Este análisis se basa en el estudio realizado en el conjunto plaza oeste y en la propuestas de un conflicto entre grupos de élites para Miccaotli-Tlamimilolpa y en términos de la pintura mural, en la segunda fase estilística de la pintura

---

[26] Este aspecto deberá ser mejor tratado en otros foros. Cabe mencionar la transformación de centros de peregrinación prehispánicos a lugares de peregrinación católicos no supone que sea con la misma "gestualidad" y "ritualidad". Una somera búsqueda muestra la transformación de centro dedicado a Oztoteotl al actual santuario de Chalma o la importancia de San Agustín de las Cuevas en el municipio de Tlapan. La peregrinación religiosa en la tradición cristiana-católica implica una importante movilidad de personas en un tiempo concreto, la organización de una fiesta en ceremoniales, una repetición del rito (besar la efigie de la virgen/santo, ofrendar…), una compra de objetos e incluso, en el siglo XXI, una progresiva transformación en un turismo religioso. Pero sobre todo hay que recordar que el cristianismo supone la participación plena de la comunidad cristiana muy distinto del modelo de las sociedades antiguas en las que la participación de la comunidad es mucho más restringida. Esto afecta a la viabilidad, los propios edificios y a la participación.

[27] "La preponderancia del jaguar como deidad de la fertilidad y del agua que brota del interior de la tierra –dios 1 teotihuacano-, la que puede ser canalizada y controlada para asegurar las cosechas, remite a un nuevo orden social en que el grupo sacerdotal que tiene a su cargo el importante ramo del riego dentro del estado, parece tener una relevancia especial (Lombardo, 2001: 26-27)".

mural teotihuacana. No obstante, a lo largo del tiempo, la figura del jaguar se irá transformando perdiendo esta asociación directa con las cuevas[28]. Los jaguares aparecen representados en la estatuaria asociada a la Pirámide del Sol.

Más compleja es la asociación que menciona Angulo entre las montañas, el agua y las cuevas y que recoge de otros autores como H. von Winning (1987b, tII: 11-13 y figs 2.2 a y b) y Tobriner (Angulo, 2001: 74-75). El símbolo de montañas de agua, en sus diferentes acepciones de montañas triples, con ojos de agua dulce y salada se combina como parte de una tradición arraigada en el Altiplano en la que se cree que la lluvia se genera en las montañas altas y que dicha lluvia se canaliza hacia las cuevas, convirtiéndose en arroyos. Tobriner consideró que la Relación de AColman (1580) sitúa al Cerro Gordo como Tena, la montaña fértil que trae agua. Angulo considera que no es así y que existe un Cerro Tenan al noroeste del valle que es el que se refieren las fuentes (Angulo, 2001; 75). Las condiciones geológicas de Teotihuacan favorecieron la existencia de manantiales y corrientes subterráneas en algunas de las cuevas lo que ha llevado a interpretar los canales de piedra para conducción de agua que aparecen en la Cueva de la Pirámide del Sol y en la Cueva III. A pesar de las diferencias culturales no se puede evitar reflexionar sobre el papel de esta agua que, desde las nubes, se filtra hacia las montañas. Entre los mayas antiguos y en algunas de sus poblaciones actuales se realizan ritos propiciatorios en cuevas vinculadas a la caza y la fertilidad y que involucran al agua sagrada o "zuhuy ha"[29]. No sería descabellado pensar que los teotihuacanos tuvieran rituales asociados a las primeras lluvias pero los datos arqueológicos son esquivos sobre este tipo de ritual. En los pueblos mesoamericanos el culto a la fertilidad-como en otras muchas sociedades de base agrícola -es una parte central de su vida religiosa. En el altiplano mexicano el culto a Tláloc o a las deidades relacionadas con el agua es una parte vital para el mantenimiento de esta sociedad y parece remontarse a épocas muy antiguas.

Las cuevas también se conceptualizan como lugares de paso hacia el inframundo. Algunos estudios etnográficos de pueblos de habla nahua en la sierra de Puebla, recogen tradiciones donde más allá del Mictlan se encuentra el Tlalocan, el paraíso de Tlaloc, donde la felicidad y la fertilidad residen[30]. El acceso a este paraíso se realiza a través de una cueva (Knab, 1991). Esta temática no es tan solo propia de las cuevas sino que también aparece en las pinturas murales. En el conjunto arquitectónico de Tepantitla, el Tlalocan, se representa un paraíso subterráneo donde una serie de personajes juegan y disfrutan rodeados de agua y de una vegetación exuberante. Sobre ellos y dominando la escena, la figura de la deidad surgiendo de una cueva.

La cueva como lugar de origen de pueblos, también es donde se deposita en ocasiones individuos tal vez relacionándolos con el culto a Tláloc, el Tlalocan y a la fertilidad. También se ha asociado con el parto, entendiendo a la matriz humana como lugar de fertilidad (Knab, 1991; Heyden, 1991). Las cuevas se entenderían así como un retorno al origen y a la fuente de toda fertilidad.

5.4 Las cuevas y el culto a las piedras

Los procesos de conquista y colonización del territorio indígena por parte de las huestes castellanas y los grupos indígenas aliados comportaron un cambio en las relaciones del poder local y una progresiva y profunda transformación de las tradiciones indígenas. Resulta muy complicado poder establecer una evolución unívoca del pensamiento indígena enraizándolo en tradiciones prehispánicas ya que se ha de considerar que hay un largo periodo de cambio aún en época prehispánica. Las teogonías prehispánicas son muy complejas y bajo unos esquemas difíciles de comprender en el caso de sociedades complejas y sin una escritura reconocible como la teotihuacana. Es por ello que se debe de tomar con mucha cautela y prudencia antes de afirmar pervivencias.

Lo que sí que creo que es significativo cuando menos es considerar algunas pervivencias que se refieren al culto a los cerros y a las piedras (transformadas y modificadas en nuevos contextos culturales y sociopolíticos). Aurora Castillo Escalona (2004) estudia a los otomíes del pueblo de Tolimán que, como otros grupos parecidos, desarrolla un interesante culto a las piedras. Para esta comunidad, las piedras tienen un contenido simbólico muy importante ya que se vinculan con los antepasados y a su propia pervivencia como comunidad. Para estas comunidades, las piedras substituyen parcialmente a la Santa Cruz[31] en determinados ceremoniales[32].

---

[28] Eso no implica de manera inmediata que se pierda el valor simbólico de las cuevas en la sociedad teotihuacana sino que posiblemente se transforma de otras maneras.

[29] Existen numerosas referencias sobre la recogida de esta agua primigenia en la zona maya y que se asocia a la existencia de agua en el interior de cuevas. Menciona esta agua Thompson en su trabajo de 1959 y es recogida y estudiada por numerosos mayistas. No quisiera derivar la discusión sobre el agua pura más allá de una reflexión para el caso teotihuacano.

[30] *alocan* es un concepto o más bien un mundo conceptual alrededor del cual se organiza la vida cotidiana de la comunidad que requiere un diálogo constante de lo natural y lo sobrenatural en la vida cotidiana. Esto no quiere decir que *talo can* sea la base de todos los hechos de la vida cotidiana del pueblo, sino que los conceptos del inframundo sirven como modelo o, más bien, como base del diálogo entre los sistemas conceptuales básicos a través de los cuales se organizan los conceptos del mundo alrededor (Knab, 1991: 56).

[31] "Esta devoción es imprecisa; los otomíes muestran una devoción religiosa y respeto por las piedras sustituidas por la Cruz, a la que llevan ofrendas florales, sahuman, le rezan y le cantan, mediante lo cual rinden culto a la divinidad y a sus antepasados, perpetuando su posición de canal de comunicación entre el cielo y la tierra, entre los vivos y los muertos. La peregrinación al Zamorano es una expresión pública de la devoción a la Santa Cruz por parte de los otomíes, que conlleva una cosmovisión de origen mesoamericano ligada con el culto a los antepasados y a las piedras como representativas de la divinidad. (Castillo, 2004: 158)".

[32] Finalmente finalmente, mencionar los rituales de algunas comunidades del altiplano central en que algunas piedras en forma de laja reciben a las cuales se viste con ropas de mujer y a las que se hacen ofrendas en forma de flores, maíz y bebidas com es el caso del municipio de San Bartolo Tutotepec en el Estado de Hidalgo por parte de la comunidad otomí – tepehua.

Usos simbólicos de las Cuevas

Chicomoztoc

Localización: Pir. del Sol.
Cronol: Preclásico tardío-Postclásico.*
Cva: Cva Pir. del Sol.
Bibl: Heyden (1973, 1975, 1981, 1991), Manzanilla (1994a, 1994b).

Lugar de Creación

Localización: E-SE Pir. Sol.
Cronol: Clásico-Postclásico?
Cva: Cvas Pir. Sol.
Bibl: Heyden (1973, 1975, 1981, 1991).

Fertilidad

Localización: Posiblemente en gran parte de las cuevas. Tal vez con mayor proporción en las directamente asociadas a algún complejo arquitectónico.
Cronol: Preclásico tardío-Postclásico.
Cvas: desde Oztoyahualco-hasta San Fco. Mazapa.
Bibl: Heyden (1973, 1975, 1981, 1991), Manzanilla (1994a, 1994b)

Mitlan/Tlalocan

Localización: Pir. Sol. E-SE Pir. Sol
Cronol: Preclásico tardío-Postclásico.
Cvas: Cva Pir. Sol. Cva de la Varillas, Cva del Pirul. Cva I-II.
Bibl: Heyden (1973, 1975, 1981, 1991), Manzanilla (1994a, 1994b).

Ceremonias de consagración/Oráculos/Ritos de paso

Localización: Pir. Sol. SE Pir Sol.
Cronol: Preclásico tardío-Clásico (Postclásico tardío?).
Cvas: Cva Pir. Sol. Cva I-II.
Bibl: Heyden (1973, 1975, 1981, 1991), Manzanilla (1994a, 1994b).

Peregrinación

Localización: Pir. Sol
Cronol: Preclásico tardío-Clásico (Postclásico tardío?)
Cvas: Cva Pir. Sol.
Bibl: Heyden (1973, 1975, 1981, 1991)

Capítulo 6

Interpretando el Conjunto Ceremonial Subterráneo a lo Largo de su Historia

En la introducción de este texto se consideraba que era necesario hacer una revisión y actualización del trabajo presentado ya hace veinte años con la finalidad de reposicionar algunas de las ideas presentadas. No hay grandes cambios en lo que se refiere a algunos aspectos clave como es la cronología pero sí una serie de consideraciones que cambian la perspectiva de la interpretación. A mitad de los años noventa del pasado siglo, el peso de las interpretaciones materialistas y la visión de una sociedad teotihuacana mucho más homogénea en su conjunto prevalecía. De esta forma, las dinámicas sociales de los teotihuacanos se conceptualizaban como relaciones de conflicto entre las elites y las no élites y los teotihuacanos se veían como un todo homogéneo. De esta manera, la dinámica del cambio social se veía definida por las relaciones verticales, no exentas de conflicto entre las diferentes clases sociales. A pesar de que se reconocía la existencia de grupos étnicos diferenciados, su participación dentro de la sociedad teotihuacana se consideraba de manera secundaria. Si bien el materialismo histórico sigue siendo un mecanismo explicativo que tiene predicamento en el posicionamiento teórico de la arqueología teotihuacana, éste se ha matizado de alguna manera al incorporar otros modelos y sobre todo al añadir otras temáticas para la comprensión de esta cultura. El paso del siglo XX al XXI trajo el debate sobre el tipo y modelo del gobierno teotihuacano y se incorporó al debate conceptos tales como los de identidad y multietnicidad (Moragas, 2012). Bajo este nuevo marco, la sociedad teotihuacana se presenta de una manera mucho más dinámica en sus formas sociales y es en este escenario que se quiere reintegrar al conjunto ceremonial.

Durante la fase clásica, el conjunto ceremonial subterráneo estaba vinculado al poder. Algunos indicadores son el acceso restringido al conjunto, o al menos por lo que se deduce de lo conservado. El muro perimetral, de talud simple y grueso, con su acceso por un único lugar garantizaba privacidad y exclusividad. La especificidad del uso y función de las cuevas también nos indica su importancia religiosa y ceremonial, vinculada al calendario y a la observación astronómica así como otros rituales. Sin embargo, seguimos teniendo importantes lagunas para entender las fases más tempranas del conjunto ceremonial subterráneo. Tradicionalmente se consideraba que las dos construcciones piramidales se realizaron de manera progresiva y contemporánea, como parte de un diseño conceptualizado desde el mismo inicio de la fundación de la ciudad. Hoy el día el panorama se nos parece algo más complejo e involucra tiempos distintos en la construcción de ambas pirámides.

Lo que sí que podemos afirmar es que durante la época clásica conformó parte de la arquitectura ritual de la misma manera que lo fueron las pirámides del Sol y de la Luna. Las excavaciones realizadas no proporcionaron contextos fechables en fases anteriores al período Miccaotli-Tlamimilolpa por lo que no podemos afirmar que conformen parte sustancial del origen mismo de la ciudad. Se han identificado algunos fragmentos de cerámica anteriores a esta fecha pero en contextos de relleno y conjuntamente con materiales posteriores, en los pozos de sondeo en la Cueva III y en el relleno de la Cueva II lo que no nos permiten ir más allá. Enrique Soruco reporta para la Cueva I, materiales prototeotihuacanos, Teotihuacan I, -IA siendo Tlamimilolpa temprano lo más moderno que se tiene bajo piso[1]. Asimismo un único fragmento de cerámica encontrado en la base del altar pertenece también a este último período mencionado (Soruco, 1991: 292).

En su momento coincidimos con la idea presentada por Millon y Cowgill en la que la pirámide del Sol se construyó en este lugar al ser un *axis mundi* que justificaría el propio origen de la ciudad en la que las cuevas serían importantes altares (Cogwill, 1977, 1988). Las cuevas conformarían la parte esencial del propio origen mítico de la ciudad y de la propia construcción de la Pirámide del Sol. No obstante, los trabajos de Luis Barba por un lado y los de Alejandro Sarabia, Sugiyama y Sugiyama por el otro, coinciden en dar fechas ligeramente más tardías que los considerados anteriormente para la construcción del túnel de la Pirámide del Sol (150-300 d.C.) (Barba, Sarabia y otros en prensa). En su momento escribí que la construcción de las otras cuevas ceremoniales encontradas alrededor de la Pirámide sería consecuencia del éxito inicial de esta cueva primigenia. Coincidiría con un expansión y consolidación de este culto subterráneo del cual, tal vez, surgirían algunas variantes como lugares de observación astronómica. Es probable que, alrededor de la Pirámide del Sol se pueda crear un complejo subterráneo con una fuerte connotación religiosa. La excavación de las cuevas no permitiría una edificación intensa por el evidente temor a un hundimiento del terreno (Manzanilla y otros, 1994). La idea sigue siendo la misma pero en una fecha posterior y con un escenario distinto de la ciudad en la que la construcción de las pirámides se hace de manera progresiva y que envuelve una serie de rituales y ofrendas funerarias. Uno de los retos pendientes es la posibilidad de integrar todos estos datos en una lectura transversal de la construcción física y cosmológica de la ciudad. La construcción mítica de la ciudad sería un proceso

---
[1] Hay que recordar la terminología usada en esas fechas para las cerámicas teotihuacanas que corresponderían para Tzacualli y Miccaotli.

más largo y progresivo que la idea que se sugería hace veinte años de que surgiría directamente de la construcción de las pirámides.

Un aspecto clave es la reconfiguración de la imagen de la ciudad y las cuevas para las fases iniciales del proceso. En el caso de las cuevas ceremoniales es plausible pensar que tenemos dos cuevas funcionales para el momento del clásico: la cueva astronómica cuyo acceso es por el techo de la misma y la cueva II que en este momento la debemos de conceptualizar como una gran caverna con dos agujeros en el techo. Una de las hipótesis a probar es que el acceso a la misma se haría por el este, fuera del área de excavación. Lamentablemente para probar dicha hipótesis deberíamos terminar con la excavación de la Cueva III por su lado más este. A unos 25 metros se encuentra una boca de entrada alineada que pudiera formar parte del mismo conjunto. Si así fuera, se accedería por este lugar hasta llegar a una gran cavidad iluminada por los dos agujeros en el techo. En su lado más sureste y en la esquina más recogida encontraríamos la laja altar con su ofrenda asociada. No podemos saber si había más lajas altares pero, teniendo en cuenta el cuidado con el que fue amortizada la laja altar de la Cueva II es de suponer que formara parte de un proceso ritualizado y por lo tanto repetible.

Otro factor a considerar y que nos complica una interpretación que se creía resuelta es la temporalidad de uso de las cuevas ceremoniales en época clásica. Los datos arqueológicos nos muestran que en el caso de la Cueva II, el proceso fue rápido y meticuloso. La gran mayoría de los materiales nos muestran que para el Tlamimilolpa tardío la cueva fue cerrada y con ello sugerimos que parte del conjunto ceremonial subterráneo también. En la primera hipótesis diseñada en estos años sugeríamos que las cuevas se vinculan al origen de la ciudad misma, conjuntamente con la construcción de las Pirámides (Moragas, 1995). Años más tarde, vinculamos dicho origen con los movimientos poblacionales en el Altiplano mexicano y una vinculación con Tetimpa (Moragas, 2010). Pero si consideramos que el proceso de construcción del conjunto ceremonial se vincula a la fase de la construcción de la Pirámide del Sol, nos encontramos que el tiempo de uso de este conjunto ceremonial para su fase clásica sería muy reducido, apenas para la fase Tlamimilolpa. Así que con los datos que tenemos podemos diseñar dos escenarios plausibles:

a) El recinto ceremonial subterráneo- total o parcialmente- es anterior a la construcción de la Cueva de la Pirámide del Sol. Esta hipótesis se basa en la idea de que hay una continuidad cultural entre los pobladores del área de Tetimpa, en el flanco noreste del Popocatepetl (valle de Puebla). Los indicadores arqueológicos que contribuirían a dicha hipótesis serían la organización espacial tripartita del asentamiento, el talud-tablero y la existencia de lajas altares. Esta hipótesis no se sustenta de manera fehaciente con la cerámica encontrada ya que si bien Enrique Soruco menciona que encontró cerámicas anteriores a Tlamimilolpa, lo cierto es que en contextos primarios no las tenemos en la Cueva II ni en la Cueva III.

b) El recinto ceremonial subterráneo es contemporáneo a la construcción del túnel de la Pirámide del Sol y a la construcción de la misma estructura piramidal. Ello indicaría que dicho conjunto formaría parte del proceso político y social que supuso la arquitectura cultural de un sistema político y social muy particular en la que el conjunto subterráneo formaba parte. Es posible que sea éste el momento de la "construcción" de las grandes cavernas que rodena el este de la Pirámide del Sol. Dicho escenario se sustenta por el hecho de que la mayor parte del conjunto cerámicos presente durante el periodo de uso de las cuevas es de las fases Tlamimilolpa. El "problema" es que si nos atenemos a las dataciones de Sugiyama, Sugiyama y Sarabia, el periodo de uso del conjunto subterráneo sería breve[2] (Sugiyama y otros, 2013).

Jorge Angulo, siguiendo la tesis expuesta por Cabrera (Cabrera, 1987), estableció tres grandes fases del desarrollo de la ciudad intentando basarse no tanto en cronología absoluta sino tomando en cuenta el desarrollo arquitectónico e iconográfico. La primera fase correspondería a la construcción de las dos grandes pirámides y el Templo de Quetzalcoatl y sería comandado por un grupo portador del emblema de la Serpiente Emplumada[3]. Seguiría una fase transicional alrededor del 200-300 d.C., en la cual este primer gobierno sería substituido por otro grupo portador del símbolo del jaguar. La última fase, a partir del Tlamimilolpa tardío sería el momento de plenitud y expansión de la ciudad (Angulo, 1993: 273). Este cambio de la estructura del poder se marcó con el traslado del centro geográfico, político y económico de la Pirámide del Sol hacia la Ciudadela y coincide con el cierre de las cuevas estudiadas (300-350 d.C.). Por ahora, no sabemos que fue consecuencia y que causa. Tal vez, como sugiere Heyden, el cambio del centro físico de la ciudad deba relacionarse con un cambio en el culto subterráneo a los dioses del agua y de la tierra, por otros dioses asociados al comercio, al tributo y tal vez a la guerra (Heyden 1973: 25-26)[4]. En la arquitectura tenemos los ejemplos de la plataforma adosada que cubre la fachada del Templo de la Serpiente Emplumada o el Grupo Plaza Oeste donde las alfardas del primer momento constructivo, decoradas con cabezas de serpientes, son cubiertas por otro edificio de iguales características pero con alfardas con cabezas de jaguar. En el arte mural estos cambios se reflejan en el Mural de los Animales Mitológicos (200-300 d.C.) donde se desarrolla una lucha, en un ambiente acuático, entre la serpiente emplumada y felinos, donde los jaguares parecen tener un papel predominante. También en el Mural del Gran Puma, en la Calzada de los Muertos, donde aparece

---

[2] En sí mismo no es un "problema" sino que formaría parte de una cuestión de habitual ego académico por la que nos gusta la idea de tener siempre el yacimiento más antiguo.
[3] Aquí deberíamos ya mencionar que diferentes fases de estas tres grandes estructuras.
[4] Para Heyden se relacionaría con la expasión y crecimiento de la ciudad en fases posteriores.

realzada la figura de un puma en solitario. Finalmente recordar que para estos momentos, numerosas cabezas de serpientes son mutiladas y reutilizadas en toda la ciudad (Cabrera, 1987: 365-370).

Tal vez, el cierre de éstas, se debe entender como un cambio en la dirección del poder en Teotihuacan. Cowgill opina que la actividad constructiva en la Ciudadela para el Tlamimilolpa temprano sería un reflejo de la institucionalización de un poder efectivo enfatizado por una ideología corporativa (Cogwill, 1988). En general, se reflejaría cierta impersonalidad en el arte teotihuacano con el Templo nuevo de la Serpiente Emplumada con un estilo standard y diametralmente opuesto al Templo de la Serpiente Emplumada. Sea como sea, parece ser que la consecuencia de estos cambios se reflejan en el cierre de las cuevas mencionadas.

Es probable que un cambio en la liturgia motivara el cierre de las cuevas. Hay que definir si asistimos a una transformación total con la desaparición del culto a las divinidades asociadas a las cuevas (Tláloc, el agua, la fertilidad...) o si en cambio, es una transformación de la manera de hacer ese culto. No creo que, a pesar de los conflictos entre partidarios que se refleja en la pintura de los animales mitológicos, estos dioses pierdan su peso político y religioso. Creo más bien que asistimos a una remodelación, con una nueva liturgia que implica el cierre de la cueva como espacio físico y la adopción de un modelo quizás más arquitectónico.

Enrique Florescano hizo ya hace algunos años, un interesante estudio sobre de la substitución de Quetzalcoatl, en su acepción de Serpiente Emplumada, por la deidad Tláloc a lo largo de la historia teotihuacana. Según su tesis, Quetzalcoatl sería una deidad popular, fruto de un consenso y entendimiento mutuo de los sacerdotes y el campesinado para dominar la naturaleza. La erección del Templo de Quetzalcoatl sería la culminación de este pacto de ambas clases sociales y a su vez marcaría el final de este acuerdo. En un período de transición, a partir de la 2a mitad del s. III d.C., este "pacto social" se rompe como lo demuestra la destrucción del templo y la aparición de nuevas representaciones religiosas. El surgimiento de la figura del jaguar enfrentado a la serpiente da como resultado, según Florescano, a la supremacía de Tlaloc como la deidad principal. Es una deidad consensuada que combina símbolos pertenecientes tanto a los jaguares como a Quetzalcoatl. Pero en ese conflicto se ha roto la relación entre la divinidad y el campesinado, siendo Tláloc una deidad *de* y *para* la clase sacerdotal, demasiado compleja y abstracta. Algunas de las causas que explique este cambio, según el autor, pueden ser: la adopción de un sistema agrícola permanente, el avance tecnológico, la aparición de ideas extrañas (serían los Olmecas, los causantes de la introducción de la figura del jaguar en un momento inmediatamente posterior a la construcción del Templo de Quetzalcoatl y, el fortalecimiento de un gobierno teocrático (Florescano, 1964).

Algunas revisiones deben de hacerse, a mi modo de ver, a la propuesta realizada por Florescano. En primer lugar, este artículo fue escrito antes del conocimiento de la existencia de una cueva debajo de la Pirámide del Sol. Dicho descubrimiento revolucionó el panorama interpretativo de Teotihuacan desde el punto de vista religioso. El papel de Tláloc como una de las deidades principales de Teotihuacan, desde épocas muy tempranas, parece reafirmarse a medida de que avanzan las excavaciones en las cuevas. Sin duda alguna, las actuales investigaciones el túnel de la Serpiente Emplumada van aportar mucho sobre el papel de la deidad Tlaloc en la conformación del poder en Teotihuacan. Pero éste no sería el principal punto de discusión. Estamos de acuerdo que a partir del período comprendido en la segunda mitad del s. III d.C., según Florescano hacia la transición Teotihuacan II-III, un cambio religioso se marca en la ciudad. Las excavaciones realizadas en las cuevas que aquí tratamos parecen poder perfilar esta fecha en un momento más tardío, a la mitad del s. IV d.C. Creemos que el cierre de las cuevas nos marcan el final de este momento de cambios.

Un elemento que habría que matizar es conceptual. Florescano ve a los teotihuacanos como una sociedad que vive armoniosamente hasta la crisis que implica este cambio radical en las formas de expresión religiosa que culminan con la figura de Tláloc. Los motivos que propone no parecen concluyentes para marcar esta crisis. A pesar de la desaparición de la figura de Quetzalcoatl en su representación de serpiente emplumada, la causa final a la cual se adora no varía: agua, fertilidad, la misma vida. Si bien es cierto que se produce un disociación más marcada entre los gobernantes y los gobernados, ésta no es a causa de una mejora a nivel tecnológico, agrícola o incluso por influencias extrañas. Si así fuera, una mejora en los cultivos podría transformar el culto a Tláloc como deidad de la fertilidad y el agua por otras acepciones menos agrícolas y más adecuadas a una sociedad eminentemente urbana: comercio, militar...

Por otro lado, Teotihuacan se convierte en una ciudad cosmopolita desde fechas muy tempranas y está acostumbrada a recibir "influencias extrañas". El arraigo de una influencia foránea en una sociedad como la teotihuacana debería de haber sido acompañada por otros elementos como pudiera haber sido la presencia física de gentes en la ciudad y con un status lo bastante elevado para que influenciara a la clase sacerdotal o una doctrina popular para poder penetrar en la mayoría de la población. En el segundo caso no hubiera existido por lo tanto, siguiendo la tesis del autor, el desarrollo de una doctrina tan abstracta y en el primer supuesto, ¿qué llevaban estos Olmecas -la filiación no es tan importante sino lo es las consecuencias que provocan- además de la representación del jaguar para provocar un cambio tan profundo? Y por otro lado, actualmente deberíamos tener ya algunos datos arqueológicos más concretos acerca de esta presencia del jaguar por parte de un grupo externo a Teotihuacan.

En cuanto a una mejora tecnológica, teniendo en cuenta de que estamos hablando de un grupo humano que establece el urbanismo de la ciudad en el cambio de era, con una población mucho menor que la que tendrá posteriormente, parece poco probable.

El panorama es más complejo que la ruptura de un pacto entre clases sociales. Por un lado, resulta difícil creer que una sociedad capaz de erigir un complejo arquitectónico tan importante como la Pirámide del Sol, la Calzada de los Muertos y poco después la Ciudadela en un lapso que abarca unas pocas generaciones, sea mediante un pacto social de mutuo consentimiento. El control que las elites tenían sobre el resto de la población debía de ser muy marcado para mantener un ritmo constructivo tan fuerte en un tiempo tan corto.

Como Johanna Broda sugiere, la relación entre gobernantes y gobernados en el horizonte clásico estaba marcada por un delicado equilibrio entre los sacerdotes y las fuerzas de la naturaleza[5]. La clase gobernante se encargaba del culto de las deidades que propiciaban la reproducción de los recursos naturales. Sin duda alguna, la astronomía tenía un importante papel en la planeación de las actividades agrícolas que al seguir ciclos repetitivos anualmente creaba la ficción de que esta clase sacerdotal mantenía una relación estrecha con los dioses que permitía su supervivencia (Broda, 1978).

La súbita caída de Teotihuacan durante el 600 d.C. ha distraído la atención a lo que creo que es un momento básico para comprender el desarrollo de la ciudad. Todavía los datos son muy escasos y en algunos casos inconexos o no parecen tener una relación directa entre sí. El conflicto social que se desarrolla a lo largo de la 2a mitad del s. III d.C. hasta la 2a mitad del s. IV d.C. va a marcar el futuro desarrollo de la ciudad en épocas posteriores: el crecimiento urbano y el incremento de la actividad constructiva que se va a desarrollar a lo largo de la fase Tlamimilolpa debe de ser entendido como la expresión del arreglo de la ciudad con base en una nueva concepción religiosa y tal vez por la necesidad de un mayor control de la población rural. Existen numerosas causas por las que una ciudad crece, y no en todos los casos relacionados con el auge o esplendor de una civilización. En algunos casos el crecimiento urbano puede ser incitado mediante una política de la misma ciudad, en otros casos la población se acerca a la ciudad con una perspectiva de una mejor calidad de vida o para, simplemente sobrevivir. Definir qué pasa en Teotihuacan es tarea ardua y merece de un análisis más pormenorizado. Como Millon dice: *"Another fact seemingly related to this major building-up of apartment compounds is the fact that after so many cultivators of so large a part of the Valley of Teotihuacan and the eastern Valley of Mexico were attracted to and/or concentrated in the city, they do not thereafter gradually seem to return to the countryside. (...) A population concentrated in the city is easier to tax and administer, easier to oversee, and yet more difficult to control when conflicts, tensions, and antagonisms erupt".* (Millon 1973: 59).

En la época clásica y en una fecha posterior al 300 d.C., hay cambios sustanciales en la sociedad teotihuacana en la que podemos sugerir que afectan al modelo político de organización de la ciudad. Los datos arqueológicos nos hablan de una crisis política en las clases más altas de las elites teotihuacanas. Es posible que sea en este momento cuando se genera ese modelo de gobierno tan particular de la metrópolis. A medida de que Teotihuacan cambia y crece hacia la metrópolis que va a ser en Xolalpan, la dirección religiosa y por ende el control político de la ciudad van a tener que adaptarse. Esta crisis de la fase del Tlamimilolpa pleno marca algo más que un cambio en la orientación religiosa sino también un aviso de que el sistema religioso implantado desde la fase Tzacualli; sino antes, se está resquebrajando internamente. Esta crisis impactó en el conjunto ceremonial subterráneo ya que supone un punto de inflexión en su historia con el cierre del conjunto.

No tenemos datos arqueológicos claros para las fases posteriores a Tlamimilolpa tardío. La evidencias de las pocas cerámicas Xolalpan y Metepec se encuentran asociadas a contextos revueltos y/o de relleno. Deberemos esperar a fases posteotihuacanas para encontrar, de nuevo, actividad en este conjunto.

6.1 Las Cuevas en Teotihuacan en el Horizonte Postclásico

La época posterior a la caída de Teotihuacan supone la ocupación de la ciudad por parte de grupos que no son descendientes directos de los teotihuacanos. Después de un período de crisis política y de eventos catastróficos en la ciudad que envuelven procesos de abandono, reocupación y rediseño de los espacios y territorios, Teotihuacan se reconfigura en un nuevo orden político y social. Actualmente se acepta la fecha de 600 d.C. como el momento en que se produce la caída y el fin de la civilización teotihuacana (Moragas, 2003). Esta caída ha sido descrita como un abandono rápido de la ciudad caracterizada por una destrucción de edificios y un incendio que abarcaría el centro ceremonial. Para esta fecha terminaría la cultura teotihuacana dejando un vacío histórico, unos "años oscuros" en los cuales gentes, posiblemente procedentes de la frontera norte, denominados coyotlatelcos ocuparían parcialmente la ciudad. Éstos llevan un complejo cerámico radicalmente diferente al complejo cerámico teotihuacano. Además realizan adaptaciones de espacios, compartimentando los cuartos teotihuacanos para reocuparlos con muros de piedra de factura más burda. En general, la imagen de la ciudad de Teotihuacan a partir de la 2a mitad del siglo VIII aunque sigue siendo el principal centro del valle no parece capaz de asumir un liderazgo. Cuando los aztecas llegan

---

[5] Hay que recordar que, en las fechas que Johanna Broda escribió este texto se veía a los gobernantes de Teotihuacan como sacerdotes ya que la ciudad se regía por una teocracia. Si sustituimos la idea de sacerdotes por el de elites podemos considerar que el modelo sigue teniendo algo que decir.

a Teotihuacan la ciudad se integra a la estructura político-social mexica como un lugar mítico[6].

Ésta ha sido hasta hace poco, la imagen que se ha presentado de los últimos años de Teotihuacan. No obstante, la evidencia arqueológica obtenida en excavaciones dentro de la misma ciudad así como en estudios realizados en las denominadas "áreas de influencia teotihuacana", han hecho variar paulatinamente esta visión, proponiendo una imagen más matizada de la caída de la ciudad. El proceso que llevó al colapso teotihuacano no se inicia a finales del s. VII d.C. sino que se encuentra enmarcado en los cambios propuestos en el punto anterior. La destrucción saqueo e incendio del centro ceremonial nos marca un evento de grandes repercusiones pero éste es consecuencia de un largo proceso iniciado desde el Tlamimilolpa. García Chávez enumera los siguientes puntos que reafirman esta opinión para áreas externas a Teotihuacan: en primer lugar, en el Tlamimilolpa sitios del Valle de México son abandonados, fenómeno que coincide con el crecimiento de la ciudad para fases posteriores. Por otro lado, los lugares con evidencias teotihuacanas en zonas más alejadas del valle no van más lejos de las fases Miccaotli-Tlamimilolpa (150-350 d.C.). En el área maya, los enclaves teotihuacanos pertenecen a fases Xolalpan aunque no perduran en Metepec. Finalmente, la cerámica Coyotlatelco aparece en el Valle de México en fases tan tempranas como 580 d.C.[7] (García Chávez 1993: 215-218). Para este autor, la contracción del Estado Teotihuacano se muestra claramente para el Xolalpan temprano (350-450 d.C.). Las denominadas "colonias o enclaves teotihuacanos" no serían una muestra de la expansión teotihuacana en un contexto de prosperidad económica sino más bien como parte de un grupo emigrado de la misma ciudad o áreas aledañas a causa de problemas internos de la metrópolis[8]. Con las dataciones de radiocarbono realizadas en estos últimos años, la cronología absoluta de Teotihuacan esta siendo ligeramente modificada tendiéndose en general a retrasar las fechas. De esta manera la fase Metepec pasaría de 650-750 d.C. al 500-600 d.C. (Rattray 1993); pero insistimos en que lo importante es definir el proceso de surgimiento consolidación y caída del estado teotihuacano. En su ponencia García Chávez cree que *"algún problema muy grave experimenta el estado teotihuacano en el 350 d. C".* refiriéndose a la concentración de población en el Xolalpan[9] (García Chávez 1993: 217). Como hemos dicho anteriormente, este problema creemos que se debe de enmarcar dentro de un conflicto social interno de los teotihuacanos que desembocaría en una lucha de poder entre dos facciones.

Sabemos poco de la sociedad posterior al colapso de Teotihuacan. Se ha hablado de una secularización de la sociedad posteotihuacana sobre todo por la diferenciación más clara existente entre el sacerdote y el guerrero. Ignacio Bernal, ya en la década de los sesenta, pone en duda la existencia de una teocracia no militarista en Teotihuacan, imperturbable socialmente que sea capaz de mantener durante 800 años una "pax teotihuacana". Aunque, sugiere que no hacía falta de un "militarismo ruidoso" y que la falta de representaciones militares en Teotihuacan sería más un problema de una falta de prestigio del estamento militar en una sociedad eminentemente religiosa, que una ausencia de éstos (Bernal, 1966). Para Angulo existe un militarismo pero entendiéndolo como una asociación de guerreros mercenarios con los sacerdotes-mercaderes de la Teotihuacan de época Xolalpan-Metepec (Angulo, 1993: 275). La idea de las teocracias pacíficas para el horizonte clásico en Mesoamérica ya ha sido sobrepasada con creces. Como opina Cowgill, es difícil creer que los teotihuacanos por buenos que fueran en agricultura, comercio y como promotores de cultos religiosos no fueran demás unos efectivos guerreros y agrega: *"... I feel certain that the expansion of Teotihuacan must have involved (like theAztec expansion) a combination of military force and commercial enterprise".* (Cowgill, 1977: 7). Ahora sabemos que existen contradicciones sociales internas marcadas y que una de las explicaciones más plausibles acerca de la subsiguiente caída del sistema teotihuacano, sería la agudización de estos conflictos.

La época Mazapa o dicho de otras maneras, el periodo de influencia tolteca en Teotihuacan tiene aún muchos aspectos poco estudiados. La presencia mazapa parece ubicarse con mayor fuerza en el barrio de Las Palmas, a tenor de las excavaciones realizadas por Vaillant y Linné en los años 30 del siglo pasado. Garraty menciona que, según los análisis de los materiales de esta época del Teotihuacan Mapping Project muestra una diferencia entre el paso de Mazapa a Azteca I (Garraty, 2006: 372). Para esta época, el conjunto ceremonial subterráneo se ha reocupado, al menos parcialmente, como lugar de enterramiento. La Cueva I presenta material posteotihuacano, tal vez como basurero, mientras que la Cueva III tiene una clara reutilización

---

[6] Ya se ha comentado este proceso de integración del mundo teotihuacano a la cosmovisión mexica en el capítulo 1 de esta tesis.
[7] García Chavez se refiere aquí a las fechas de C14 procedentes de las excavaciones de Chalco realizadas por Mary Hodge que dan dataciones de 580 d.C.para el Coyotlatelco. Tradicionalmente se ha considerado esta ocupación a partir de la mitad del siglo VIII d.C..
[8] Se han identificado colonias teotihuacanas en Texcoco, Ixtapalapa, Zumpango, Xochimilco, Chalco, Azcapotzalco en el Valle de México; en Matacapan, Tres Zapotes y Cerro de las Mesas en la Costa del Golfo y en Uaxactún, Becán, Tikal, Kaminaljuyú, Copán, Piedras Negras, Mirador y Yaxhá en el área Maya.

[9] En los últimos años se ha manejado el concepto de Estado no hegemónico y/o de organizaciones políticas segmentarias para entender el modo en el que distintas sociedades mesoamericanas ejercían su poder sobre el territorio (Daneels y Gutiérrez, 2012). Teotihuacan sería uno de estos ejemplos en el que el poder se ejercería cambiando el modelo en que el Estado centralizado no se aplicaría de la misma manera para toda la gestión de su territorio (Moragas, 2005: 133). Esta idea se fue desarrollando paralelamente al cambio de un modelo teocrático a un modelo de elites gobernantes con diferentes modelos de interrelaciones dentro de la ciudad y fuera de la misma. El territorio se irá percibiendo como el control de lugares estratégicos de recursos en la que las relaciones políticas y sociales estarán diferenciadas según el tipo de relación establecida con la contraparte (Moragas, 2012).

como lugar de enterramientos para la época Mazapa. La Cueva II permanece intacta porque no pueden acceder al interior de la misma ya que la piedra que cerraba la entrada no puede ser sacada. Afortunadamente, los que procedieron a acceder a dicha cueva no detectaron el muro de cierre desde la cueva III lo que nos sugiere que, aparentemente, no era visible para el momento que los mazapas utilizaron la cueva.

Paralelamente se ocupan la Cueva de la Basura y la Cueva de las Varillas con entierros de época Mazapa en la Cueva de las Varillas y en la Cueva del Pirul así como ocupaciones aztecas en todas las cuevas (Manzanilla, 1994a, 1994b).

El culto a las cuevas se mantendría a lo largo del Postclásico temprano y hasta la época azteca, época donde se institucionaliza de nuevo, pero con una finalidad más política, de reafirmación del mismo origen y estado azteca. Así que, el culto no se pierde a finales del Clásico, opinión que mantenía Heyden en el momento del descubrimiento de la Cueva de la Pirámide del Sol (Heyden 1973, 1975). Los nuevos datos nos hablan de una supervivencia de la utilización de las cuevas, de otras maneras y con otras funciones, pero en todo caso vigentes.

Teotihuacan empieza un proceso de reinvención histórica pero también de reconstrucción ideológica y ritual de una ciudad desconsagrada por los teotihuacanos pero reinventada en un nuevo contexto político y cultural. Este aspecto nos parece más claro de ser estudiado en las poblaciones del postclásico tardío, como los mexicas, que hacen un detallado programa de legitimación política – ideológica incorporando a Teotihuacan como el lugar de origen del Quinto Sol. En cambio cuando las sociedades que estudiamos, aparentemente, no han conceptualizado de manera tan programática este programa político ideológico se nos resulta más complicado poder evidenciarlo a través de la cultura material. No podemos pensar que hay una ruptura en la concepción básica mesoamericana pero sí una transformación profunda en el ámbito político que será constituyendo de manera paralela a un cambio en el paisaje ritual. De nuevo podemos pensar en la conjunción de cambios rápidos y procesos más lentos pero que de manera unívoca acabaran conformando las bases de la Teotihuacan epiclásica y postclásica.

Existen diversas propuestas para entender la sociedad epiclásica. A mi entender, existe una coexistencia temporal de grupos teotihuacanos y grupos coyotaltelcos ya desde finales de la fase Xolalpan temprano –Metepec. Es decir, antes del colapso de Teotihuacan (Moragas, 2003, 2005). Estos coyotlatelcos no supondrían, aparentemente, ninguna inquietud para las elites teotihuacanas ya que no reconocemos ninguna asociación a ningún elemento clave para la ideología de las elites. A diferencia de los barrios étnicos, bien identificables por su cultura material y por sus estrechas vinculaciones con el poder mediante el intercambio de productos necesarios para la legitimación teotihuacana, los coyotlatelcos no parecen estar asociados a ningún elemento clave para el intercambio. La situación cambia cuando todo el sistema político ideológico teotihuacano cambia y se produce el colapso. No sabemos si los coyotlatelcos pudieron contribuir como un factor más pero en todo caso, si no fueron partícipes directos de la caída del poder teotihuacano sí que se sirvieron del vacío de poder para reocupar y reinventar el lugar más sagrado de la ciudad: el conjunto de las Pirámides del Sol y de la Luna. Mientras lo teotihuacano se va diluyendo y transformando surge una reinvención de la ciudad, ahora ya no como una urbe sino como el inicio de un progresivo proceso de ruralización[10]. Si el estudio de García Chávez muestra una serie de 5 grupos cerámicos coyotlatelcos en el valle de México podemos afirmar que algo parecido debió de suceder en el interior de la ciudad. El espacio urbano se fragmenta en grupos familiares que comparten una cultura material común pero que ya no se organizan más allá de un sistema de cacicazgos o jefaturas complejas.

Como hemos dicho anteriormente, el cierre de las cuevas en el horizonte clásico parece responder a un conflicto interno de la sociedad teotihuacana. Hasta la fecha no se han encontrado áreas de ocupación fechables para la época Xolalpan-Metepec, lo que nos hace pensar que al menos en las cuevas situadas en el área sureste de la Pirámide del Sol, existe un vacío cronológico hasta el Postclásico temprano[11]. Los elementos rituales que se encuentran parecen estar asociados a grupos familiares y no tanto a una estructura estatal.

Las cuevas parecen ser reocupadas en estas fechas de varias maneras localizándose áreas rituales, lugares de habitación, de almacenamiento y entierros (Manzanilla, 1994a, 1994c). Los datos disponibles hasta la fecha muestran una fuerte ocupación de éstas para la época Mazapa perdurando a lo largo de todo el Postclásico.

Hasta la actualidad no se han encontrado cuevas con materiales pertenecientes a las fases Xolalpan -Metepec en contextos que impliquen un área de actividad o ocupación para esas fechas. Parece existir un vacío en la ocupación de las cuevas entre el cierre de las cuevas en plena época clásica y su posterior reocupación en el Postclásico temprano.

En el grupo ceremonial excavado, tan sólo en la Cueva III presenta una clara ocupación en época Postclásica y ésta algo posterior, de época Mazapa (1000-1200 d.C.) con la presencia de entierros que sugieren algún tipo de función ritual. Como hemos dicho ya en varias ocasiones, la Cueva

---

[10] No es del todo correcto referirse a la ruralización de Teotihuacan ya que siempre será uno de los centros principales de esta área pero sí que podemos decir que pierde su gran tamaño y densidad para convertirse en un centro, tal vez con características urbanas, pero sin la globalidad de la metrópolis. Como ruralización también podríamos considerar la poca presencia de materiales foráneos que sugieran el mantenimiento de las rutas comerciales bajo control teotihuacano.

[11] Resulta un poco extraño este vacío en la ocupación en cuevas. Posiblemente sea porque no se ha encontrado una cueva con materiales correspondientes a esta fase cronológica en contextos que sugieran una ocupación. Si se han encontrado materiales Xolapan-Metepec pero mezclados con materiales postclásicos.

III se encuentra parcialmente excavada de forma que la información que tenemos de ésta es incompleta. La falta de una ocupación coyotlatelco en esta cueva no implica que no exista en otras cuevas. Recordar los trabajos realizados por el equipo de Sanders en Huexoctoc, donde se definió la fase Oxtotípac como una fase de transición: *"We suggest that the Oxtotípac complex pottery was made by the older teotihuacan population who apparently continued to reside in the city"* (Sanders, 1985: 184).

Afortunadamente los datos proporcionados por las cuevas, situadas al este de la Pirámide del Sol, muestran una ocupación para estas fechas. Resultados de C14 para la Cueva del Camino y la Cueva de las Varillas dan fechas de 680 d.C. para la primera y de 770 d.C. para un área de actividad para la segunda (Manzanilla, 1994a). En ambos casos son fechas tempranas para la ocupación Coyotlatelco en Teotihuacan.

En la Cueva III existe material coyotlatelco, aunque muy escaso y asociado a materiales teotihuacanos tardíos. Al encontrarse en un contexto de relleno teotihuacano, inmediatamente por debajo de los entierros Mazapa parecen mostrar una convivencia de ambos complejos cerámicos (Metepec-Coyotlatelco) aunque no podemos definir una ocupación para este período.

Como hemos dicho anteriormente, la época Mazapa parece marcar un fuerte momento de ocupación en las cuevas situadas al sureste de la Pirámide del Sol. Asimismo, en las cuevas estudiadas por Basante la ocupación postclásica más marcada se adscribe en esta fase (Basante, 1986, 91: 98). Esta ocupación no se encuentra circunscrita tan sólo a lugar de enterramientos sino también como áreas de habitación y áreas de almacenamiento. También se observa un fuerte componente ritual en la depositación de los entierros lo que nos marcaría una continuidad en unos patrones culturales en los que las cuevas seguirían formando parte importante en la cosmovisión posteotihuacana.

La discusión vendría dada sobre sí hemos de entender esta continuidad dentro de una tradición completamente teotihuacana que hubiera perdurado a lo largo del tiempo o más bien como una readaptación de un culto subterráneo basado tal vez en una tradición de procedencia chichimeca. La falta, hasta la fecha insistimos, de cuevas con contextos bien marcados para las fases Xolalpan-Metepec parecen sugerir que la reocupación en cuevas de época Mazapa responde a una cosmovisión mesoamericana común más que a una pervivencia del culto clásico teotihuacano. Los últimos datos arqueológicos, aunados a una revisión de los antiguos parecen sugerir una mayor convivencia entre gentes de tradición teotihuacana y los recién llegados Coyotlatelco, posiblemente procedentes de la frontera norte, a partir de finales del s. VI d.C.

Como propone Piña Chan para el Culto a Quetzalcoatl, se generarían modificaciones de la cosmovisión original, sobre todo por la tradición oral que pasa de generación en generación una información cada vez más lejana, enriquecida y deformada al mismo tiempo (Piña Chan, 1987).

Lo que conocemos del horizonte Tolteca en Teotihuacan y el Valle no proporcionan muchos datos para el conocimiento del papel de las cuevas en esta época. Sanders describe este horizonte como un período de pronunciada ruralización, poca actividad constructiva de tipo cívico y ceremonial y cierta marginalidad del área (Sanders, 1965: 181).

Además por primera vez, tenemos fuentes documentales del siglo XVI que se refieren a este período, con todos los problemas inherentes al tratar una época semi legendaria y aunarla al dato arqueológico. Dos fuentes escritas nos proporcionan datos de este horizonte: La Historia Tolteca -Chichimeca escrita por Fernando de Alva Ixtlilxóchitl y los Anales de Cuautitlan. En ambos relatos se proporcionan listas dinásticas y la historia de Tula. Para el valle de Teotihuacan y la Cuenca de México tenemos también algunas fuentes escritas. Son el Códice Xólotl donde se representa el paso Chichimeca por Teotihuacan y el Mapa Tlotzin donde se representa el señor Huetzin de Teotihuacan. Se reportan otros códices: uno, en el Museo del Indio Americano donde se distingue la investidura de un jefe chichimeca en el interior de una cueva en Teotihuacan (Heyden, 1973). Finalmente dos mapas del s. XVII de los Municipios de San Francisco Mazapa y de San Martín de las Pirámides muestran la presencia de los chichimecas asociados a las cuevas (Basante, 1986: 94).

Hablar de la época Mazapa en Teotihuacan es referirse, aunque sea brevemente, a la ciudad de Tula. No vamos a relatar aquí toda la historia de ese importante centro sino que vamos tan sólo a dar un pequeño marco de referencia. Después de la errónea identificación de la Tula de las crónicas con Teotihuacan por parte de Vaillant, las excavaciones de Acosta confirmaron el estudio de las fuentes escritas y la toponimia que hizo Jiménez Moreno localizando la Tula mítica con la Tula del Estado de Hidalgo (Vaillant, 1938; Jiménez Moreno, 1941; Acosta, 1957).

Los análisis cerámicos realizados en esas fechas, llevaron a la conclusión de que la caída de Teotihuacan fue a causa de los toltecas y que su capital se convertiría en el principal centro del Altiplano. La cerámica característica de esta fase, denominada Mazapa, parece ser la causante de tal interpretación. Actualmente sabemos que la Tula de la fase Prado que correspondería a la fase Metepec en Teotihuacan, no tenía el suficiente poder para presentar algún tipo de competencia (Mastache *et al.*, 1982: 78-79; Cobean, 1990: 499-500). Sanders propone la siguiente reconstrucción de la fase Tolteca en el valle: Tula sería un centro provincial dependiente o semi dependiente de Teotihuacan para las fases Tlamimilolpa-Xolalpan. Tras la caída de Teotihuacan, grupos liderados por Tula atacarían o ocuparían el valle estableciendo el patrón de asentamiento anteriormente descrito. Se realizaría una rápida *toltequización* de la población gracias a un período de tranquilidad social que se demostraría entre otras cosas en los cambios en la cerámica y en una estabilización de la población (Sanders, 1965).

Conocemos muy poco del Teotihuacan de época tolteca, a pesar de los últimos trabajos realizados. Si la ocupación tan marcada que nos encontramos para las cuevas situadas en los aledaños de la Pirámide del Sol, las estudiadas por Basante y en las reportadas por Linné, son indicativas de un proceso más general de la ciudad o de sus alrededores inmediatos, nos encontramos con dos opciones. La primera posibilidad es que nos encontremos con ocupaciones esporádicas de carácter ritual, sobre todo en el caso de las cuevas situadas en el lado este de la Pirámide del Sol. No tendríamos por lo tanto, una ocupación formal de las mismas como áreas habitacionales de primera instancia sino que éstas serían utilizadas teniendo en cuenta el papel que ocupan las cuevas dentro de la cosmovisión teotihuacana. Otra posibilidad sería la de una ocupación permanente de las mismas donde las cuevas servirían como áreas habitacionales a la vez de ser utilizadas como cámaras funerarias y que se realizara algún tipo de actividades rituales, ligadas a la fertilidad, dentro de ellas (Manzanilla, 1994a).

De las cuevas estudiadas por Basante, tan sólo dos parecen tener cerámica Mazapa: la que denomina cueva V del área III, situada en la misma zona que trabajamos con cerámica Proto coyotlateco, Mazapa y Azteca III y el pozo 19 de la Cueva II situada en Oztoyahualco, con una secuencia estratigráfica que va desde Tlamimilolpa hasta Azteca III. Se observa, entonces una concentración de cuevas de fase Mazapa en el lado este de la Pirámide del Sol.

Pocos datos tenemos para comprender la ocupación en cuevas por parte de los mexicas en Teotihuacan. Como hemos referido anteriormente, las cuevas tienen una gran importancia entre éstos como parte de sus leyendas. Los mexicas recogen toda la tradición mesoamericana y la refunden para legitimizar su política primero de asentamiento y luego de expansión por todo el Altiplano. Apenas se está determinando el papel de la ocupación en cuevas en fases mexicas. Como hemos estado diciendo, tan sólo la Cueva III presenta una ocupación postclásica pero ésta no perdura en época mexica. Se examinaron todos los materiales cerámicos procedentes de ésta y no se encontró ningún fragmento claramente azteca. Basante reporta materiales aztecas (sobretodo azteca III 1300-1521 d.C.) para la mayoría de pozos realizados en las cuevas de Oztoyahualco y las de San Francisco Mazapa, aunque no especifica con claridad el tipo de ocupación, sobre todo, en el segundo caso en que el material procede de una excavación extensiva y no tan sólo de pozos de sondeo.

Las excavaciones que se realizan actualmente por parte del IIA-UNAM han proporcionado contextos domésticos mexicas en la Cueva de la Basura, La Cueva de las Varillas y en la Cueva del Camino (alrededor de 1340 d.C.), ésta última situada en el camino que lleva al pueblo de San Francisco Mazapa (Manzanilla, 1994a, 1994c). Últimamente se encontró una cueva en el área de San Martín de las Pirámides donde aparecieron grandes cantidades de ánforas aztecas en excelente estado de conservación. Al parecer la cueva fue utilizada como área de almacenamiento[12].

Como se puede ver, apenas podemos bosquejar la ocupación mexica en Teotihuacan. Con los datos que tenemos parece ser que ocupa una amplia parte del área norte de la ciudad, siguiendo más o menos la ocupación anterior del Postclásico temprano. Aunque no tenemos contextos rituales claramente definidos se debe suponer que éstos existen en alguna cueva todavía por explorar, ya que sabemos el importante papel que tenía Teotihuacan dentro de la cosmovisión mexica.

---
[12] Gamboa Cabezas com. pers.

Capítulo 7

Conclusiones

En las primeras páginas de esta tesis decíamos que la monumentalidad de la arquitectura ha ocultado el papel que tendrían las cuevas en la conformación y desarrollo de la sociedad teotihuacana. Si tenemos en cuenta que las principales estructuras de la ciudad fueron erigidas para la fase Tzacualli, es comprensible la conmoción que supuso saber que la Pirámide del Sol se encontraba construida encima de una cueva (Heyden, 1973, 1975)[1].

En capítulos anteriores se ha intentado dar una imagen general de la evolución del asentamiento subterráneo en Teotihuacan. Desearía hacer énfasis Lamentablemente y a pesar del aporte de las nuevas excavaciones algunos puntos permanecen todavía oscuros.

Apenas tenemos datos arqueológicos para definir la ocupación del preclásico tardío, y aunque ya contamos con algunas fechas de radiocarbono para las cuevas del este de la Pirámide del Sol, no tenemos áreas habitacionales en cuevas para estas fechas (Manzanilla, 1994a). Las exploraciones de Basante en el área norte tampoco han proporcionado contextos fechables. La mayoría de materiales cerámicos que reporta se adscriben a las fases del clásico y postclásico y en contextos de relleno. Su propuesta de que las cuevas ya fueron reutilizadas en época clásica como basureros es apropiada. Lamentablemente, tales contextos no son muy favorables para encontrar muestras selladas. Sería interesante de iniciar nuevas exploraciones en el área sur del valle, en lugares más cercanos a las áreas de cultivo, donde se encontrara una ocupación anterior al establecimiento mismo de Teotihuacan. En caso de que no se encontraran ocupaciones del preclásico superior en cuevas para estas fechas sería importante anotar la falta de éstas. Otra posibilidad sería que la utilización de las cuevas como canteras principalmente y como áreas habitacionales en el Tzacualli fuera a consecuencia de la construcción de las pirámides. Pero esto no nos explica tampoco, el origen de la ciudad en el norte del valle.

A tenor de resultar reiterativa, exploraciones en otras áreas, como en el Cerro Patlachique son necesarias para obtener datos arqueológicos y fechas de radiocarbono.

La ocupación de las cuevas en período clásico parece concentrarse en el interior del área ceremonial y proponemos que son unos elementos muy sensitivos a los cambios que sufre la sociedad teotihuacana a mitad del siglo IV d.C. Estos cambios que se manifiestan en la arquitectura y la pintura mural, en el caso de las cuevas se muestra en el cierre de las mismas (Cabrera, 1987; Angulo, 1993; García, 1993). Esta clausura se hace mediante un ritual en el que intervienen la erección de muros de cierre, la depositación de vasijas conteniendo plantas medicinales, flores y granos, todos ellos elementos relacionados con la agricultura y la naturaleza. Resulta interesante el ceremonial con que se cierran éstas. Nos referimos al papel que juegan los muros de piedra y barro que se han encontrado en diversas cuevas de Teotihuacan. Los datos proporcionados por el análisis cerámico nos muestran que en el caso de la cueva II existe una clara diferencia tanto en el contexto estratigráfico como por parte del material. Se propone que ésta se aísla de lo que se ha llamado Cueva III mediante algún tipo de ceremonial en el cual se colocaría la ofrenda cerámica y tal vez el sacrificio de un individuo. No tenemos datos para suponer esto último pero sí que hay una contemporaneidad entre el material del entierro y el de la ofrenda.

El aspecto simbólico de las cuevas es básico en el mantenimiento de la sociedad teotihuacana en tanto que, los sacerdotes son los intermediarios entre el mundo de los hombres y de los dioses. La civilización teotihuacana como otras tantas mesoamericanas, depende en gran medida para su supervivencia del control del ciclo agrícola. En esto, las cuevas tienen un papel primordial ya que son puertas de acceso tanto al Mictlan como al Tlalocan. Algunas interpretaciones de la Pirámide del Sol han querido identificarla como el tonacatépetl o cerro de los mantenimientos, lugar de donde se provee en la mitología nahua, de los frutos de la tierra (Manzanilla, 1994a). Tal vez los muros de cierre que se presentan en varias cuevas son una manera de expresar la clausura de este acceso al mundo subterráneo. Por ahora nos movemos en el terreno de las hipótesis. La falta de datos pertenecientes al Xolalpan -Metepec en las cuevas conocidas hasta la fecha hace sospechar un vacío en la ocupación de las mismas. Por un lado, las construcciones de épocas anteriores proporcionan por ellas mismas materiales constructivos para las nuevas construcciones con lo que la extracción de materiales no sería estrictamente *tan* necesaria. Los denominados muros burdos que se han encontrado en algunos puntos de la ciudad para estas fases indican un proceso de desmantelamiento en el cual, además de un proceso de desacralización como sugiere Daneels, sería un tipo de técnica para desmontar evitando derrumbes (Daneels, 1994). Claro que, esto es todavía por ahora una suposición que debe ser tomada en cuenta en próximas excavaciones. Por otro lado, la introducción de un nuevo sistema político del cual el Teotihuacan de la época Xolalpan es representante tal vez no permite la permanencia del culto subterráneo. No por ello el culto a Tláloc se pierde sino más bien se reafirma pero con otro tipo de expresión religiosa manifestada en la pintura y en los templos.

---
[1] Como detalle anecdótico Doris Heyden comenta que cuando se supo la noticia, Clara Millon exclamó: *"This may be the beginning of everything"*.

Fig. 37. El área de excavación durante el proceso de re diseño de los accesos (foto de la autora).

No tenemos datos para las cuevas del final del clásico a excepción del complejo Oxtotípac de Sanders, que nos muestran un complejo cerámico inmediatamente posterior a la caída de la ciudad (Obermeyer, 1963). Las dataciones del Valle de México están ofreciendo un panorama del postclásico temprano completamente renovador en el cual Teotihuacan, me atrevo a decir va a ser punto focal de la discusión (Parsons et al., 1995). Dataciones de radiocarbono dan fechas muy tempranas para complejos considerados como posteriores a la caída de la ciudad. En el caso de la cueva III, materiales que se considerarían hasta hace poco como pertenecientes a contextos revueltos ahora, pueden ser considerados como contemporáneos. Los habitantes del Teotihuacan del siglo VIII parecen tener mucho de los teotihuacanos "clásicos" en su complejo cerámico. No obstante, datos arqueológicos provenientes de distintas partes de la ciudad hacen sospechar un asentamiento discontinuo donde en ocasiones encontramos convivencia de materiales clásicos y postclásicos y en otros casos, permanecen estratigráficamente separados[2].

La época Mazapa es la mejor representada actualmente gracias a las últimas excavaciones arqueológicas aunque aún tenemos muchas preguntas que hacernos sobre la ocupación de la ciudad para el postclásico temprano. Teotihuacan no va a ser un área ajena Las cuevas parecen estar densamente ocupadas en el lado este del valle. Las excavaciones del Pozo de las Calaveras, la cueva III de Basante y las exploraciones de las cuevas de la UNAM y la de la Cueva III del sudeste de la Pirámide del Sol muestran diferentes aspectos de la época postclásica. Comparándolas con las últimas cuevas excavadas en el este de la Pirámide del Sol, las cuevas situadas en el sudeste parecen encontrarse en un área periférica, sobre todo por la falta de ofrendas y por la mala calidad de ellas. Estratigráficamente y cronológicamente, las cuevas del este y el sudeste de la Pirámide del Sol son similares. La diferencia queda marcada en la calidad de las ofrendas, donde los materiales de las cuevas del sudeste son más escasos y se componen de más fragmentos de cerámica donde apenas se pueden recomponer piezas completas. Las ofrendas de los entierros son muy pobres tanto en material cerámico como lítico. En ocasiones hemos podido reconocer tan sólo una vasija que podría corresponder al ajuar funerario. Otras la proximidad al individuo enterrado ha hecho que se asociara a éste como ofrenda.

El ritual con que se entierran los muertos mazapas parece ser elaborado a pesar de la escasez de los materiales. Los individuos parecen ser colocados directamente sobre la tierra a excepción de un caso en el que se observó que se había realizado un hoyo. Lamentablemente el presumible entierro se presentó saqueado. Se han identificado la presencia de copal, posibles restos de textiles, y en algunos casos, los individuos parecen haber sido desmembrados. En otros casos se ha encontrado solo la cabeza del individuo. Los datos antropológicos sugieren que en su mayoría los entierros son secundarios lo que implica su redepositación en la cueva. En uno de ellos un perro acompañaba al inhumado a su viaje por el inframundo según la mitología nahua. La mayoría de los enterrados corresponden a individuos jóvenes del sexo masculino y entre ellos se han identificados varios neonatos. En cierta manera se parecen a los entierros localizados en el este de la pirámide.

El conocimiento y posterior definición del patrón subterráneo va a aclarar algunos de los problemas en Teotihuacan sobre todo en aspectos cronológicos y religiosos. Se esperan encontrar nuevos contextos sellados que proporcionen la recogida de muestras botánicas más fiables y se puedan identificar nuevos materiales.

---

[2] Cabrera Castro com, pers.

Bibliografía

ACOSTA, Jorge R. (1956-57) "Interpretación de algunos de los datos obtenidos en Tula relativos a la época tolteca". *Revista Mexicana de Estudios Antropológicos*, 14: 75-110.

ACOSTA, Jorge R. (1964) *El Palacio del Quetzalpapalotl*. Memorias NAH no 10. México.

ACOSTA, Jorge R. (1978) *Teotihuacan Official Guide*. INAH, México.

ALMARAZ, Ramón (1865) Apuntes sobre las Pirámides de San Juan Teotihuacan. *Memoria de los trabajos efectuados por la Comisión Científica de Pachuca en el año 1864*. Archivo Técnico INAH: 349-358. México.

ANGULO, Jorge (1993) "El desarrollo socio político como factor de cambio cronológico cultural". *Taller de Discusión de la Cronología de Teotihuacan* (24-27 de noviembre de 1993) Materiales para la Discusión, sesión IV: 273-281 coordinado por Rosa Brambila y Rubén Cabrera. CET/FNA/INAH, San Juan de Teotihuacan, México.

ANGULO, Jorge (1997) *Teotihuacan: El proceso de evolución cultural reflejado en su desarrollo urbano-arquitectónico*. Tesis doctoral. Facultad de Arquitectura. División de Estudios de Posgrado e Investigación. UNAM.

ARANA Raúl; CASTILLO Noemí; VALENCIA, Ariel; VILLALOBOS, Javier (1984) "Teotihuacan, Patrimonio Nacional y Mundial".

Cuadernos de Arquitectura Mesoamericana, diciembre, nº3: 39-53, División de estudios de posgrado-Facultad de Arquitectura.

ARMILLAS, Pedro (1944) "Exploraciones Recientes en Teotihuacan México". *Cuadernos Americanos*, vol. 16, no 4: 121-136, México.

ARMILLAS, Pedro (1950) "Teotihuacan, Tula y los Toltecas: Las culturas postarcaicas y pre-aztecas del centro de México: Excavaciones y estudios". *Runa*, vol III: 37-70, Buenos Aires, Argentina.

ARMILLAS, Pedro (1951) "Tecnología, Formaciones socioeconómicas y Religión en Mesoamérica". Copia mecanoscrita CET, México.

BARBOUR, Warren (1975) *The Figurines and Figurine Chronology of Ancient Teotihuacan, México*. Thesis for the degree of Doctor of Philosophy. The University of Rochester, Rochester, New York.

BASANTE, Oscar (1986) *Ocupación en cuevas en Teotihuacan*. Tesis de Licenciatura ENAH. México.

BASTIEN, Rémy (1946) *Informe en las excavaciones hechas en "El pozo de las Calaveras", Teotihuacan, México*. Archivo técnico INAH t. 65, exp 472. Copia mecanoscrita CET. México.

BENNYHOFF, James A (1964) *Manuscrito inédito sobre Cerámica Teotihuacana*. Copia mecanoscrita del Laboratorio del *Teotihuacan Mapping Project*, Mexico.

BENNYHOFF, James A (1967) "Chronology and Periodization: Continuity and Change in the Ceramic Tradition". *Teotihuacan, XI Mesa Redonda*: 19-21. Sociedad Mexicana de Antropología. México D. F.

BERNAL, Ignacio (1966a) "Teotihuacan ¿Capital de Imperio? Revista Mexicana de Estudios Antropológicos, tomo XX: 95-110, SMA, México. CET.

BERNAL, Ignacio (1966b) *Proyecto Teotihuacan. Informe de los trabajos realizados en la Zona Arqueológica de Teotihuacan en 1966*. Informe técnico INAH. CET.

BLANTON, Richard; KOWALESKI, Stephen; FEINMANN, G; APPEL, J (1981) *Ancient Mesoamerica: A Comparison of Change in three Regions*. New Studies in Archaeology, Cambridge University Press.

BLUTCHER, Darlena (1971) *Late Preclassic Cultures in the Valley of Mexico: Pre -urban Teotihuacan*. Doctoral Dissertation, Brandeis University, Ann Arbor Microfilms, Ann Arbor, Michigan.

BONOR VILLAREJO, Juan L. (1989) *Las Cuevas Mayas: simbolismo y ritual*. Universidad Complutense, Instituto de Cooperación Iberoamericana. Madrid.

BRADY, James E; SCOTT, ANN; COBB, Allan; ROSAS, Irma; FOGARTY, John; URQUIZÚ SÁNCHEZ, Mónica (1997) "Glimpses of the Dark side of the Petexbatun Project: The Petexbatun Regional Cave survey". *Ancient Mesoamerica*, 8: 353-364.

BRADY, James E (2000) "¿Un Chicomostoc en Teotihuacan? The Contribution of the Heyden Hypothesis to Mesoamerican Cave Studies". Eloise Quiñones Keber (ed.) *In Chalchihuitl in Quetzalli, Precious Greenstone, Precious Quetzal Feather: Mesoamerica Studies in Honor of Doris Heyden*: 1-13. Labyrintos Press, Lancaster, CA.

BRADY James E.; SEARS E. (2000) "Cuevas, peregrinaciones y arqueología". Los Investigadores de la Cultura Maya Vol. 8, Tomo II: 219-227.

BRAMBILA, Rosa (1982) *Teotihuacan: Cite des Dieux ou Societé de classes? Une approche historique*. Tesis Doctoral. École des Hautes Études en Sciences Sociales. Paris.

BRODA, Johanna (1978) "Cosmovisión y estructura del poder en el México prehispánico". *Comunicaciones 15*, Proyecto Puebla-Tlaxcala: 165-172. Puebla, México.

BRODA, Johanna (1982) "Astronomy, Cosmovision and Ideology in Pre-hispanic Mesoamerica". Aveni, A (edit) *Ethnoastronomy and Archeo-astronomy in the American tropics*. The New York Academy of Sciences vol. 385: 81-110. New York.

BRUMFIEL, Elisabeth (1976) "Regional growth in the eastern Valley of Mexico: A test of the population pressure hypothesis". Flannery, Kent (edit) *The Early Mesoamerican Village*: 234-248, Academic Press, New York.

CABRERA, Luís (1992) *Diccionario de Aztequismos*. Edit. Colofón. México D. F.

CABRERA CASTRO, Rubén (1982a) *Memoria del Proyecto Arqueológico Teotihuacan.* Colección Científica no 132, INAH. México.

CABRERA CASTRO, Rubén; RODRIGUEZ, Ignacio; MORELOS, Noel. (1982b) *Teotihuacan 80-82. Primeros resultados.* Colección Científica INAH, nº227. México.

CABRERA CASTRO, Rubén; SUGIYAMA, Saburo (1982c) "La Exploración y Restauración del Templo de la Serpiente Emplumada". *Memoria del Proyecto Arqueológico Teotihuacan.* Colección Científica INAH no 132. México.

CABRERA CASTRO, Rubén; SUGIYAMA, Saburo (1986) *Exploraciones en las Cuevas del Valle de Teotihuacan.* Proyecto presentado para la asignatura Técnicas de Excavación. ENAH, Archivo Técnico Z. A. T.

CABRERA CASTRO, Rubén (1987) "La secuencia arquitectónica del Edificio de los Animales Mitológicos en Teotihuacan". AAVV: *Homenaje a Román Piña Chán*: 349-371, UNAM México.

CABRERA CASTRO, Ruben (1996) "Las excavaciones en La Ventilla. Un barrio teotihuacano". *Revista Mexicana de Estudios Antropológicos*, SMA, tomo XLII: 5-31, México.

CABRERA CASTRO, Rubén; COWGILL, George; SUGIYAMA, Saburo; SERRANO, Carlos (1989) "El Proyecto Templo de Quetzalcoatl". *Arqueología*, nº 5: 51-79. México.

CABRERA CASTRO, Rubén; COWGILL, George; SUGIYAMA, Saburo (1990) "El Proyecto Templo de Quetzalcoatl y la práctica a gran escala del sacrificio humano". A. Cardós de Méndez (cood.) *La época Clásica: Nuevos hallazgos, nuevas ideas.*: 223-146 MNA, INAH México.

CABRERA CASTRO, Rubén; SUGIYAMA, Saburo; COWGILL, George. (1991) "The Templo de Quetzalcoatl Project at Teotihuacan: A preliminary report". *Ancient Mesoamerican* nº 2: 77-92. Cambridge University Press. EUA.

CABRERA CASTRO, Rubén; CABRERA CORTES, Oralia (1993) "El significado calendárico de los entierros del Templo de Quetzalcoatl". Cabrero, Ma Teresa (comp.) *II Coloquio Pedro Bosch-Gimpera*: 277-298. IIA-UNAM. México.

CARBALLO, David M (2009) "Household and Status in Formative Central Mexico: Domestic Structures, Assemblages, and Practices at La Laguna, Tlaxcala". *Latin American Antiquity* 20(3): 473-501.

CARBALLO, David M; BARBA, Luis; ORTÍZ, Agustín; BLANCAS, Jorge; TOLEDO, Jorge; CINGOLANI, Nicole (2011) "La Laguna, Tlaxcala: ritual y urbanización en el formativo". Revista *Teccalli* No. 1, Vol. 2: 1-11.

CARBALLO, David M.; Thomas PLUCKHAHN (2007) "Transportation Corridors and Political Evolution in Highland Mesoamerica: Settlement Analyses Incorporating GIS for Northern Tlaxcala", Mexico. *Journal of Anthropological Archaeology* 26(4): 607-629.

CASO, Alfonso (1942) "El Paraíso Terrenal en Teotihuacan". *Cuadernos Americanos, I*, 6: 127-136. Edit. Porrúa, México.

CASO, Alfonso; BERNAL, Ignacio; ACOSTA, Jorge (1967) *La Cerámica de Monte Alban.* INAH, México.

COBEAN, Robert, H (1990) *La Cerámica de Tula, Hidalgo.* Colección Científica del INAH. Estudios sobre Tula 2. Serie Arqueología. México.

COBEAN, Robert H.; MASTACHE, Alba Gudalupe (1989) "The Coyotaltelco Cultures and the Origins of Teotihuacan State". Diehl (edit) *Mesoamerican after the decline of Teotihuacan*: 49-67. Dumbarton Oaks. Washington.

COHODAS, Marvin (1989) 'The Epiclassic Problem: A review and Alternative Model". Diehl (edit). *Mesoamerican after the decline of Teotihuacan*: 219-239. Dumbarton Oaks. Washington.

COOK DE LEONARD, Carmen (1957) *El origen de la Cerámica Anaranjado Delgado.* Tesis de Licenciatura. ENAH. México.

COOK DE LEONARD, Carmen (1957) *Excavaciones en la plaza nº1 Tres Palos Oztoyahualco. Teotihuacan.* Archivo técnico INAH. CET.

COOK GARCIA, Ángel (1977) "Lo Teotihuacano en Tlaxcala". *Comunicaciones nº 14*, Proyecto Puebla-Tlaxcala. Fundación Alemana para la Investigación Científica. Puebla, México.

COWGILL, George (1974) "Quantitative Studies of Urbanization at Teotihuacan". Hammond, Norman (edit) *Mesoamerican Archaeology; New Approaches:* 363-396. Gerald Duckworth, London.

COWGILL, George (1977) "Processes of Growth and Decline at Teotihuacan: The City and the State". Paper for *XV Mesa redonda SMA,* Guanajuato. Agosto 1977. Copia mecanoscrita CET.

COWGILL, George (1988) "Ideology and the Teotihuacan State". Geoffrey, G y Demarest, C (edit) *Ideology and the Cultural Evolution of Civilization.* School of American Research Avanced Seminar. Copia mecanoscrita CET.

COWGILL, George (1992) "Toward a political history of Teotihuacan". Demarest, A y Conrad, G (edits). – *Ideology and Precolumbian Civilizations.* School of American Research Press, Santa Fe, New Mexico.

CHARNAY, Désiré (1887) *Les Anciennes Villes du Nouveau Monde.* (1ra edición Paris 1885, Hachette) Trad. Inglesa: The Ancient Cities of the New World. Harper and Brothers. Nueva York.

DANEELS, Annick (1994a) *Sondeo de la Plaza Alta (sección este).* Informe técnico INAH. México.

DANEELS, Annick (1994b) *Cerámica y Cronologia del Grupo 5'en Teotihuacan, México".* Copia mecanoscrita CET. México.

DANEELS, Annick; GUTIÉRREZ, Gerardo (2012) *El poder compartido. Ensayos sobre la arqueología de organizaciones políticas segmentarias y oligárquicas.* Publicaciones de la Casa Chata, CIESAS. México.

DAVILA, Patricio (1977) "Una ruta Teotihuacana al sur de Puebla". *Comunicaciones, nº 14.* Proyecto Puebla-Tlaxcala. Fundación Alemana para la Investigación Científica: 53-57. Puebla, México.

DIEHL, Richard (1981) *Tula*. Bricker, Victoria, Sabloff, Jeremy (edit). -*Supplement to the Handbook of Middle American Indians*, vol I: 277-95 *Archaeology*, Austin, University of Texas Press.

DIEHL, Richard (1989) "A shadow of Its Former Self: Teotihuacan under the Coyotlatelco Period". Diehl(edit) *Mesoamerican after the decline of Teotihuacan*: 9-17. Dumbarton Oaks. Washington.

DRUCKER, David R. (1977) "A Solar orientation framework for Teotihuacan". *Los procesos de cambio en Mesoamérica y áreas circunvecinas*, XV Mesa Redonda, Vol II, pp277-284. Sociedad Mexicana de Antropología y Universidad de Guanajuato, México.

DUMOND, D; MÜLLER, Flo (1972) "Classic to Postclassic in Highland Central Mexico". *Science* n° 4027: 1208-1215, 17 March. EUA.

FLETCHER, Charles V (1963) *Cuanalan: An Archaeological Excavation and Study of a Ticoman site in the Valley of Mexico, State of Mexico, Mexico*. Master's Thesis. Department of Anthropology, Pennsylvania State University. EUA.

FLORESCANO, Enrique (1964) "La Serpiente Emplumada, Tláloc y Quetzalcoatl". Sobretiro de *Cuadernos Americanos 2:* 137-164 Marzo-Abril, copia mecanoscrita CET.

GAMBOA CABEZAS, Luis Manuel (1995) *Informe Técnico de las Excavaciones Arqueológicas realizadas en el Barrio de San Juan Evangelista, Proyecto San Juan Teotihuacan: drenaje sanitario*, Exp. 173/93. INAH – ZAT.

GAMIO, Manuel (1922) *La Población del Valle de Teotihuacan*. 3 vols. Ciudad de México. Secretaría de Agricultura y Fomento. Departamento de Arqueologia y Etnografía (1917 Edición Facsimilar. Ciudad de México INI).

GARCIA CHAVEZ, Raúl (1993) "Evidencias Teotihuacanas en Mesoamérica y su posible significado para la cronología de Teotihuacan". Rosa Brambila y Rubén Cabrera *Taller de Discusión de la Cronología de Teotihuacan* (24-27 de noviembre de 1993). Materiales para la Discusión, III sesión: 207-228, coordinado por. CET/F2NA/INAH, San Juan de Teotihuacan, México.

GARCÍA COOK, Ángel (1973) "Algunos descubrimentos en Tlalancaleca, Edo. de Puebla". *Comunicaciones Proyecto Puebla-Tlaxcala* 9: 25-34.

GARCÍA COOK, Ángel (1976) "El Proyecto Arqueológico Puebla-Tlaxcala: Origen, finalidad y logros". *Suplemento Comunicaciones Proyecto Puebla-Tlaxcala* 3: 5-12.

GARRATY, Christopher (2006) "An AztecTeotihuacan: Political processes at a Postclassic and Early Colonial city-sate in the Basin of Mexico". *Latin American Antiquity*(17) 4: 363-387.

GENDROP, Paul (1984) "El tablero talud en la arquitectura mesoamericana". *Cuadernos de Arquitectura Mesoamericana* n°2 julio: 5-28. División de Estudios de Posgrado. Facultad de Arquitectura UNAM, México.

HEADRICK, Annabeth (2007) *The Teotihuacan Trinity. The sociopolitical structure of an Ancient Mesoamerican city*. University of Texas Press, Austin.

HEYDEN, Doris (1973) "¿Un Chicomostoc en Teotihuacan?. La cueva bajo la Pirámide del Sol". *Boletín INAH*, época II, no 6, pgs 3-16.

HEYDEN, Doris (1975) "An Interpretation of the cave underneath the Pyramid of the Sun in Teotihuacan, Mexico". *American Antiquity*, vol 40, n°2: 131-147.

HEYDEN, Doris (1981) "Caves, Gods and Myths: World-view and Planning in Teotihuacan". Benson, Eliz (edit). *Mesoamerican Sites and World-View: A Conference at Dumbarton Oaks*. Octubre 16-17 1976. Dumbarton Oaks Reseach Library and Collections Trustees for Harvard University. Washington D.C.: 1-39.

HEYDEN, Doris (1991) "La Matriz de la tierra". Broda, Johanna (edit) *Arqueoastronomia y etnoastronomia en Mesoamérica*. UNAM IIA. Serie Ha de la Ciencia y la Tecnologia, 4: 269-291. México.

HICKS, Frederic (1962) "The transition from Classic to Postclassic at Cerro Portezuelo, Valley of Mexico". *XXXV Congreso Internacional de Americanistas. Actas y Memorias* 1: 493: 509. México 1964.

HIRTH, Kenneth G (1978) Teotihuacan Regional Population Administration in Eastern Morelos". *World Archaeology*, vol 9, no 3, Landscape Archaeology: 320-333.

HUMBOLDT, Alexander Von (1878) *Vue des Cordillères, et Monuments des Peuples Indigènes de l' Amerique.* (1ra edición 1810, 2 vols. Paris: F. Schoell). Traducción castellano: Sitios de las Cordilleras. Madrid Gaspar editores.

IBARRA MORALES, Emilio; MONTUFAR, Aurora (1995) "Pollen Analysis in Prehispanic Vessels from the Ancient City of Teotihuacan, Mexico". Conferencia presentada en Tucson University, Arizona, mayo 1995. Copia manuscrita.

JIMENEZ MORENO, Wigberto (1941) "Tula y los Toltecas según las fuentes históricas". *Revista Mexicana de Estudios Antropológicos*, 5: 79-83. México.

KNAB, Timothy (1991) "Geografía del inframundo". *Estudios de la Cultura Nahuatl* 21: 35-57, UNAM, México.

LIMON OLVERA, Silvia (1990) *Las cuevas y el mito de orígen: los casos inca y mexica*. Dirección General de Publicaciones del Consejo Nacional para la Cultura y las Artes, México.

LINNE, Sidvald (1934) *Archaeological Researches at Teotihuacan, Mexico.*
Ethnographical Museum of Sweden, New Series, Publication no 1, Stockholm.

LINNE, Sidvald (1942) *Mexican Highland Cultures. Archaeological Researches at Teotihuacan, Calpulalpan and Chalchicomula in 1934-35*. Ethnographical Museum of Sweden, New Series, Publication no 7, Stockholm.

LIRA, Yamile (1995) "Una revisión de la tipología cerámica de el Tajín". *Anales de Antropología,* 32: 121-159. UNAM-México.

LOPEZ LUJAN, Leonardo (1993) *Las ofrendas del Templo Mayor de Tenochtitlan*. INAH, México.

MANZANILLA, Linda (1985) "El sitio de Cuanalan en el marco de las comunidades pre-urbanas del Valle de Teotihuacan". Jesús Ruíz, Rosa Brambila y Emma Pérez Rocha. (edit) *Mesoamérica y el Centro de México*: 137-178, México.

MANZANILLA, Linda (1990) "Estudio de túneles y cuevas en Teotihuacan. 2a fase". *Boletín del Consejo de Antropología*: 171-172, INAH.

MANZANILLA, Linda (1993) *Anatomía de un conjunto residencial teotihuacano en Oztoyohualco*. IIA-UNAM. vol I-Las excavaciones. vol II-Los trabajos específicos. México.

MANZANILLA, Linda (1994a) "Geografía Sagrada e Inframundo en Teotihuacan". *Antropológicas, n°11*, Nueva Época: 53-66, UNAM.

MANZANILLA, Linda (1994b) "Caves and Geophysics: An Approximation to the Underworld at Teotihuacan, México". *Archaeometry*, vol 36, no 1, Oxford University. London.

MANZANILLA, Linda (1994c) "Las cuevas en el mundo mesoamericano". *Ciencias* n°36: 59-66. Facultad de Ciencias-UNAM. México.

MANZANILLA, Linda, Ortiz Butrón, Agustín y Jiménez, Miguel Angel (1993) "La Cerámica del Conjunto Residencial Excavado". Manzanilla, Linda (cood.) Anatomía de un Conjunto Residencial Teotihuacano en Oztoyahualco, vol I: Las Excavaciones: 195-387, IIA-UNAM, México DF.

MANZANILLA, Linda; LÓPEZ, Claudia; FRETER, Ann Corinne (1996) "Dating results from excavations in Quarry tunnels behind the Pyramid of the Sun, Teotihuacan". *Ancient Mesoamerica*, v. 7, pp 245-266.

MANZANILLA, Linda; LÓPEZ, Claudia; NICOLÁS, Claudia (2000) La Cerámica de la Cuenca de México durante el Epiclásico/transición al Posclásico temprano (650-900 d.C.) Merino, Leonor y García Cook, Ángel 2000 *La Producción alfarera en el México Antiguo III*. Colección Científica INAH 502: 169-186.

MARCUS, Joyce (1989) "From Centralized Systems to City-States. Possible Models for Epiclassic". Diehl, R. (edit). *Mesoamerica after the decline of Teotihuacan*: 201-208. Dumbarton Oaks.

MARTÍNEZ MARÍN, Carlos (1972) "Santuarios y peregrinaciones en el México prehispánico". Litvak, Jaime y Castillo, Noemí (edit) *Religión en Mesoamérica*: 161-176, XII Mesa Redonda de la Sociedad Mexicana de Antropología México.

MASTACHE, Alba Guadalupe; CRESPO, Ana Ma; COBEAN, Robert; HEALAN, Dennis (1982) *Estudios sobre la antigua ciudad de Tula*. Colección Científica INAH n° 121. México.

MARTÍNEZ LÓPEZ, Cira (1994) "La cerámica de estilo teotihuacano". Winter, Marcus (coord). – *Monte Alban. Estudios recientes. Proyecto Especial Monte Alban 1992-94*: 25-54, Oaxaca, México.

MATOS MOCTEZUMA, Eduardo (1990) *Teotihuacan. La Metrópoli de los Dioses*. Corpus Precolombino. Sección Las Civilizaciones Mesoamaricanas. Jaca Book Spa Milano.

MC CLUNG DE TAPIA, Emily; ZURITA, Judit; IBARRA, Emilio,; CERVANTES, Jorge,; MEZA, Magdalena (1993) "Cronología de procesos geomorfológicos en el Valle de Teotihuacan". *Taller de Discusión de la Cronología de Teotihuacan* (24-27 de noviembre de 1993) Materiales para la Discusión, III sesión: 131-151, coordinado por Rosa Brambila y Rubén Cabrera. CET/FNA/INAH, San Juan de Teotihuacan, México.

MC CLUNG DE TAPIA, Emily; DE TAPIA, Horacio (1996) "Un estudio de paisaje y patrón de asentamiento prehispánico en la región de Teotihuacan, México". *Investigaciones Geográficas Boletín Especial* 4: 13-33, UNAM, México.

MENDIETA, Fray Jerónimo de (1870) *História Eclesiástica Indiana*. Edit. Porrúa. México.

MILLON, René (1973) *Urbanization at Teotihuacan, México*. The Teotihuacan Map Text. vol 1. University of Texas Press. Austin.

MILLON, René (1976) "Social relations in Ancient Teotihuacan". Wolf, E (eds). -*The Valley of Mexico*: 205-248. University of New Mexico Press, Alburquerque.

MILLON, René (1988) "The Last Years of Teotihuacan Dominance". Yoffee, N y Cowgill, G. (edit) *The Collapse of Ancient States and Civilizations:* pgs102-164. The University of Arizona Press. Tucson.

MOOSER, F (1968) "Geología, naturaleza y desarrollo del Valle de Teotihuacan" JL Lorenzo (ed.) *Materiales para la arqueología de Teotihuacan:* 29-37. INAH. Serie investigaciones 17. México.

MORAGAS SEGURA, Natalia (1994) *Salvamento realizado en la Puerta 5: Cueva II, Cueva III, Cala II.* Archivo Técnico INAH.

MORAGAS SEGURA, Natalia (1996) "Cuevas ceremoniales en Teotihuacan; Nuevos hallazgos". *Revista Mexicana de estudios antropológicos*, tomo XLIII*: 121.127, SMA, Villahermosa, Tabasco*. México.

MORAGAS SEGURA, Natalia (2003) *Dinámica del cambio cultural en Teotihuacan durante el Epiclásico (650-900 d.C.).* Tesis doctoral, Universitat de Barcelona. www. tdx. cat/bitstream/handle/10803/2587/.

MORAGAS SEGURA, Natalia (2005) "Teotihuacan: de la ciudad al territorio". Mameli, Laura y Muntañola, Eleonora (eds) *América Latina, realidades diversas.* Aula Oberta 2001-2005, Casa América, UAB: 124-137.

MORAGAS SEGURA, Natalia (2010) "Teorizando Teotihuacan: Una Visión desde la Historiografía – Parte 1 – Desde la Colonia Hasta el Proyecto Teotihuacan 80-82 ". *Clío Arqueológica*, vol 25, n° 1. Universidad Federal de Pernambuco, Brasil. Versión on line http://www. ufpe. br/clioarq/.

MORAGAS SEGURA, Natalia (2012a) "Modelo de organización compartida en el Mediterráneo. Viejos modelos para nuevas ideas sobre el gobierno corporativo en Teotihuacan". Daneels, A y Gutiérrez, G (eds) *El poder compartido. Ensayos sobre la arqueología de organizaciones políticas segmentarias y oligárquicas*: 333-349, Publicaciones de la Casa Chata, CIESAS, México.

MORAGAS SEGURA, Natalia (2012b) "Teorizando Teotihuacan. Una visión desde la Historiografía. 2da parte" Clío Arqueológica, vol 27, n° 2. Universidad Federal de Pernambuco, Brasil. Versión on line http.//www. ufpe. br/clioarq/.

MORAGAS SEGURA, Natalia; MORANTE, Rubén (1996) Los observatorios Astronómicos Subterráneos: ¿Un invento Teotihuacano? *Revista Mexicana de Estudios Antropológicos*: 158-1 72, México.

MORELOS, Noel (1987) "El Complejo de las deidades agrícolas en Teotihuacan: una proposición". Barbro Dalhgren edit. *-Ha de la Religión en Mesoamérica y Areas afines Ier Coloquio*. IIA-UNAM Serie Antropológicas 78: 59-69. México.

MORELOS GARCÍA, Noel (1993) *Proceso de Producción de Espacios y Estructuras en Teotihuacan*. Instituto Nacional de Antropología e Historia, Colección Científica México.

MORELOS GARCÍA, Noel (2002) La teoría de los espacios socialmente construidos en la historia de las sociedades precapitalistas mesoamericanas. Notas sobre la teoría *arqueológica* del espacio. En *Pasado, presente y futuro de la arqueología en el Estado de México: Homenaje a Román Piña Chán*, coordinado por Argelia Montes y Beatriz Zúñiga: 199-234. Colección Científica 440. INAH, México.

MULLER, Florencia (1978) *La Cerámica del Centro Ceremonial de Teotihuacan*. SEP/INAH. México.

NOGUERA, Eduardo (1932) "Extensiones cronológicas, culturales y geográficas de las cerámicas de México". XXV Congreso Internacional de Americanistas La Plata, Argentina, 1932. Talleres Gráficos de la Nación, México.

OBERMEYER, Gerald (1963) "A Stratigraphic Trench and Setlement Pattern Survey at Oxtotipac, México". A Thesis in Anthropology. Submitted in partial fullfilment of the requirements for the degree of Master of Arts. The Pennsylvania State University. The Graduate School. Department of Sociology and Anthropology.

ORTEGA CABRERA, Verónica; PALOMARES Teresa (2003) "Nuevas evidencias sobre el Barrio Oaxaqueño en Teotihuacan". *Arqueología Mexicana*, Vol. XI – Núm. 61: 6. Editorial Raíces – INAH México.

ORTIZ CEBALLOS, Ponciano (1993) "Algunos elementos Teotihuacanos en la Costa del Golfo, Matacapan, Ver: un ejemplo de enclave Teotihuacano ". *Taller de Discusión de la Cronología de Teotihuacan* (24-27 de noviembre de 1993) Materiales para la Discusión, III sesión: 207-228, coordinado por Rosa Brambila y Rubén Cabrera. CET/FNA/INAH, San Juan de Teotihuacan, México.

OYAMA, Hideo y MASATADA Takehara (1970) *Revised Standart Soil Color Charts* (2a edición). Tokyo.

PALOMARES RODRÍGUEZ, Teresa (2007) *Ocupación zapoteca en Tlailotlacan, Teotihuacan. Un estudio de identidad y adaptación en la unidad doméstica TL1*. Tesis de Licenciatura, ENAH, México.

PALOMARES RODRÍGUEZ, Teresa (2013) *The Oaxaca barrio in Teotihuacan: mortuary customs and ethnicity in Mesoamerica's greatest metropolis*. A Thesis Submitted in Partial Fulfillment of the Requirements for the.
Master of Arts Department of Anthropology in the Graduate School. Southern Illinois University Carbondale. August 2013.

PARSONS, Jeffrey R. (1966) *The Aztec Ceramic Sequence in Teotihuacan Valley, México*. vol I y II (appendices). PH Thesis. University of Michigan.

PARSONS, Jeffrey R. (1974) "The development of a Prehistoric Complex Society: A Regional Perspective from the Valley of Mexico". *Journal of Field Archaeology,* vol I,: 81-108. EUA.

PARSONS, Jeffrey; BRUMFIELD, Elisabeth; HODGE, Mary (1993) "Are Aztec I Ceramics Epiclassic? Implications of Early Radiocarbon Dates from Three Aztec I Deposits in the Basin of Mexico"Conferencia presentada en *'Rethinking the Epiclassic"*, XIII, CICAE, México D. F.

PARSONS, Jeffrey; BRUMFIELD, Elisabeth; HODGE, Mary (1995) "Are Aztec I Ceramics Epiclassic? Implications of Early Radiocarbon Dates from Three Aztec I Deposits in the Basin of Mexico". Paper presented in *The Postclassic Revisited: Social Developments and Chronology of Central Mexico*. 60th Annual Meeting of the Society for American Archaeology, Minneapolis.

PASZTORY, Esther (1974) *The iconography of Teotihuacan Tlaloc*. Dumbarton Oaks Trustees for Harvard University, Studies in Pre-columbian Art and Archaeology 15, Washington.

PAZ BAUTISTA, Clara (1996) "El Grupo 5'. Un conjunto de tres templos Miccaotli-Tlamimilolpa temprano en Teotihuacan". RMEA, tomo XLII: 109-121, SMA, México.

PIÑA CHAN, Román (1987) *Quetzalcoatl. Serpiente emplumada*. FCE. México.

PLUNKET, Patricia; URUÑUELA, Gabriela (1998a) "Cholula y Teotihuacan: Una consideración del Occidente de Puebla durante el Clásico". Rattray, Evelyn (edit). - *Rutas de Intercambio en Mesoamérica:* 101-115. III Coloquio Pedro Bosch Gimpera, IIA-UNAM, México.

PLUNKET, Patricia; URUÑUELA, Gabriela (1998b) "Areas de actividad en unidades domésticas del Formativo terminal en Tetimpa, Puebla" *Arqueología* 20, segunda época julio-diciembre: 3-21, México.

PLUNKET, Patricia; URUÑUELA, Gabriela (1998c) "Preclassic household patterns preserved under volcanic ash at Tetimpa, Puebla, Mexico". *Latin American Antiquity* 9 (4): 287-309, *Society for American Archaeology*, Washington D.C.

PLUNKET, Patricia; URUÑUELA, Gabriela (2003) "From episodic to permanent abandonment: responses to volcanic hazard at Tetimpa, Puebla, Mexico". Inomata T, Webb R (eds) *The archaeology of settlement abandonment in Middle America*. University of Utah Press, Salt Lake City: 13-27.

PLUNKET, Patricia; URUÑUELA, Gabriela (2006) "Social and cultural consequences of a late Holocene eruption of Popocatépetl in Central Mexico". *Quaternary International* 151: 19-28.

PRICE T. Douglas, MANZANILLA Linda, MIDDLETON William D. (2000) "Immigration and the Ancient City of Teotihuacan in Mexico: a Study Using Strontium Isotope Ratios in Human Bone and Teeth". *Journal of Archaeological Science*, Volume 27, Issue 10, October 2000: 903–913.

RATTRAY, Evelynn. Ch (1972) "El complejo cultural Coyotlatelco". *Teotihuacan XI Mesa redonda*, SMA, 201: 209, México.

RATTRAY, Evelynn. Ch (1973) *Ceramics and Chronology: Early Tzacualli to Early Tlamimilolpa Phases*. Doctoral Dissertation. University of Missouri- Columbia Ann Arbor Microfilm.

RATTRAY, Evelyn. Ch (1975) "Some Clarifications in Teotihuacan Valley Early Sequence". *Actas del Congreso de Americanistas*, volI, tomoII: 364-368, México.

RATTRAY, Evelyn. Ch (1977a) "Seriación de cerámica Teotihuacana". *Sobretiro de Anales de Antropología*, vol XIV, 37: 48, México.

RATTRAY, Evelyn. Ch (1977b) "Los contactos entre Teotihuacan y Veracruz". XV Mesa redonda, SMA, Tomo II: 301-311.

RATTRAY, Evelyn. Ch (1978) "Los contactos Teotihuacan-Maya vistos desde el centro de México". *Sobretiro de Anales de Antropología*, volXV, Mesa Redonda, SMA, Tomo II: 301-311, México.

RATTRAY, Evelyn. Ch (1979) "La cerámica de Teotihuacan; relaciones externas y cronológicas". *Anales de Antropología*, vol XVI: 51-70.

RATTRAY, Evelyn. Ch (1981a) "Anaranjado Delgado: Cerámica de comercio en Teotihuacan". Rattray, Evelyn y Litvak, J (edit). *Interacción Cultural en México Central*. IIA-UNAM: 55-81.

ibidem (1981b) "Ceramics and Chronology: The Teotihuacan ceramic cronology: Early Tzacualli to Metepec phases". Manuscrito inédito para el volumen IV de la serie Urbanization at Teotihuacan, editado por René Millon. Copia Fotografiada del Laboratorio del Teotihuacan Mapping Project.

ibidem (1984) "El barrio de los Comerciantes en Teotihuacan: Investigaciones recientes en el área Maya". *XVII Mesa redonda* SMA, tomo I, 147: 163.

ibidem (1987a) "Evidencia cerámica de la caída del Clásico en Teotihuacan". Mountjoy, Joseph y Brockington (edit) *El auge y la caída del Clásico en el México Central*: 78-85. IIA, UNAM.

ibidem (1987b) "Los barrios foráneos de Teotihuacan". Mac Clung, Emily, Rattray, Evelyn. Teotihuacan: Nuevos datos, nuevas síntesis, nuevos problemas.: 243-273, UNAM.

ibidem (1988) "Un taller de cerámica anaranjado San Martin en Teotihuacan". Serra Puche, Mari Carmen, Navarrete, Carlos(edit). *Ensayos de Alfarería Prehispánica*. Homenaje a Eduardo Noguera. IIA, UNAM.

ibidem (1990a) "Nuevos hallazgos sobre los orígenes de la cerámica anaranjado delgado". Cardoz de Méndez (cood). La época Clásica: Nuevos hallazgos, Nuevas ideas. MNA-INAH: 89-106.

ibidem (1990b) "New Findings on the Origins of Thin Orange Ceramics". *Ancient Mesoamerica* I: 181-195, Cambridge University Press.

ibidem (1992) "Enfoques Interdisciplinarios en el Estudio de la Cerámica Anaranjado Delgado". Cabrero (edit). *II Coloquio Pedro Bosch Gimpera*, pgs 232-253, IIA, UNAM.

ibidem (1993) "Fechamientos por Radiocarbono de Teotihuacan" en *Taller de Discusión de la Cronologia de Teotihuacan* (24-27 de noviembre de1993). Materiales para la Discusión; 137-166, compilado por Rubén Cabrera Castro y Rosa Brambila. CET/FNA/INAH. Z. A. T.

RATTRAY, Evelyn. Ch (1994) *La Cronología Cerámica de Teotihuacan*. CET, México.

RATTRAY, Evelyn: KROTSER, Paula (1980) "Manufactura y distribución de tres grupos cerámicos de Teotihuacan". Sobretiro de Anales de Antropología, vol XVII, tomo I: 91-104, México.

RATTRAY, Evelyn; RUIZ, Maria Elena (1980) "Interpretaciones culturales de La Ventilla, teotihuacan. "Sobretiro de Anales de Antropología XVII, tomo I: 105-114, México.

RATTRAY, Evelyn; HARBOTTLE, Garman (1992) 'Neutron Activation Analysis and Numerical Taxonomy of Thin Orange Ceramics from the Manufacturing Sites of Rio Carnero, Puebla, México". H. Neff (edit) *Chemical Characterization of Ceramic Pastes in Archaeology:* 221-231, Prehistory Press, Monographs in World Archaeology, no 1, Madison, Wisconsin.

RODRIGUEZ MANZO, Verónica (1992) *Patrón de enterramiento en Teotihuacan durante el período clásico: Estudio de 814 entierros*. Tesis de Licenciatura ENAH. México.

ROMERO, Javier (1958) *Mutilaciones dentarias prehispánicas de México y América en general*. Serie Investigaciones nº 3, INAH, México.

SAHAGUN, Fray Benardino de (1956) *Codex Florentinus or Mediceo Palatino*. 218-220. (Manuscrito original de 1565-77, Biblioteca Medicca Laurenziana). Historia General de las Cosas de la Nueva España, edit por Angel Maria Garibay Kentana, 4 vols. Ciudad de México: Editorial Porrúa.

SALAZAR, Ponciano (1970) *Informe 1962-1964. Zona de trabajo nº1 Plaza de la Luna*. Copia fotografiada. Archivo técnico INAH. CET.

SANDERS, William T. (1964) *The Teotihuacan Valley Project.: The final progress report*. Sobretiro de Pennsylvania State University. Marzo 1964. 28 pags.

SANDERS, William T. (1965) *The Cultural Ecology of the Teotihuacan Valley*. Departament of Sociology and Anthropology, Pennsylvania State University, University Park, Pennsylvania.

SANDERS, William T. (1986) *The Toltec period occupation in the Valley. Part 1 Excavations and Ceramics. The Teotihuacan Valley Proyect Final Report*, volumen 4. nº13, Occasional Papers in Anthropology. Departament of Sociology and Anthropology. The Pennsylvania State University. University Park, Pennsylvania.

SANDERS, William T. PARSONS, Jeffrey; SANTLEY, Robert (1979) *The Basin of Mexico: The Cultural Ecology of a Civillization.* Academic Press, New York.

SEJOURNE, L. (1959) *Un Palacio en la Ciudad de los Dioses: Exploraciones en Teotihuacan 1955-58.* Ciudad de México INAH.

SEJOURNE, L. (1966) *Arqueología de Teotihuacan. La cerámica.* FCE, México D. F.

SELER, Eduard, (1912) "Similarity of Design of Some Teotihuacan Frescos and Certain Mexican Pottery Objects". *Actas del XVIII Congreso Internacional de Americanistas.* Mexico.

SELER, Eduard (1915) "Die Teotihuacan Kultur des Jochlandes von Mexico. vol 5". Gesammelte Abhandlungen zur Amerikanischen Sprach-und Altertumskunde, 5 vols e índice, 1902-23. Berlín.

SHEEHY, James J. (1992) *Ceramic Production in Ancient Teotihuacan, México: A Case Study of Tlajinga 33.* Doctoral Dissertation, Pennsylvania State University. University Microfilms, Ann Arbor, Michigan.

SEMPOWSKY, Martha; SPENCE, Michael (1994) *Mortuary practices and skeletal remains at Teotihuacan.* University of Utah, Salt Lake City.

SERRANO, Carlos; PIMIENTA, Marta: GALLARDO, Alfonso (1993) "Mutilación dentaria y filiación étnica en los entierros del Templo de Quetzalcoatl". Cabrero, Ma Teresa (comp) II Coloquio Pedro Bosch Gimpera. IIA-UNAM.: 263-277. México.

SIGÜENZA Y GONGORA, Carlos de (1928) *Obras con una Biografía escrita por Francisco Pérez Salazar.* Ciudad de México. Sociedad de Bibliofilos Mexicanos.

SLOAD, Rebecca (2007) *Radiocarbon Dating of Teotihuacan Mapping Project TE28 Material from Cave Under Pyramid of the Sun, Teotihuacán, México.* Foundation for the Advancement of Mesoamerican Studies, Inc. (FAMSI) report. Electronic document, http://www. famsi. org/reports/06017/, accessed august, 2012.

SMITH, Robert E. (1987) *A ceramic Sequence from the Pyramid of the Sun, Teotihuacan, México.* (Papers of the Peabody Museum, vol 75). Harvard University, Cambridge.

SOLAR VALVERDE Laura (2006) El fenómeno coyotlatelco en el centro de México: tiempo, espacio y significado:.. Editor: INAH, Coordinación Nacional de Arqueología.

SORUCO SAENZ, Enrique (1982) *Informe correspondiente a las exploraciones realizadas en la Cueva, 2a parte 27-7-82 a 14-9-82.* Archivo Técnico del ZAT. Copia Mecanografiada.

SORUCO SAENZ, Enrique (1985) Una Cueva Ceremonial en Teotihuacan". Tesis de Licenciatura ENAH, México.

SORUCO SAENZ, Enrique (1991) "Una Cueva ceremonial en Teotihuacan y sus implicaciones astronómicas -religiosas". Broda, J (edit) *Arqueoastronomia y etnoastronomia en Mesoamérica.* UNAM IIA. Serie Ha de la Ciencia y la Tecnologia, 4: 269-291.

SOTOMAYOR, Alfredo; CASTILLO, Noemí (1963) "Análisis petrográfico de la Cerámica Anaranjado Delgado. "*Publicaciones 12,* Dpto de Prehistória, INAH, México.

SPENCE, Michael W. (1984) "Craft Production and Polity in Early Teotihuacan". Hirth, Kenneth (edit). Trade and Exchange in Early Mesoamerica. Univ. of New Mexico Press, Alburquerque. 87-115. EUA.

SPENCE, Michael W. (1988) "Excavaciones recientes en Tlailotlacan, el Barrio Oaxaqueño de Teotihuacan". *Arqueología* nº 5: 81-104. México.

SPENCE, Michael W. (1990) "Excacaciones en Tlailotlacan, Teotihuacan: segunda temporada". Boletín INAH, Consejo de Arqueología: 128-130. México.

SPENCE, Michael W. (1992) "Tlailotlacan a Zapotec Enclave in Teotihuacan". Berlo, Joan (edit) *Art, Ideology and the City of Teotihuacan.:* 59-88. Dumbarton Oaks, Washington.

SPENCE, Michael W. (1993) "The Radiocarbon Chronology of Tlailotlacan" en *Taller de Discusión de la Cronología de Teotihuacan* (24-27 de noviembre de 1993) Materiales para la Discusión, III sesión: 207- 228, coordinado por Rosa Brambila y Rubén Cabrera. CET/FNA/INAH, San Juan de Teotihuacan, México.

SPENCE, Michael; GAMBOA, Luis Manuel (1999) "Mortuary practices and social adaptation in the Tlailotlacan enclave". Manzanilla Linda y Serrano Carlos, (edits), *Prácticas funerarias en la ciudad de los dioses: los enterramientos humanos de la antigua Teotihuacan*: 173-201. México: Universidad Nacional Autónoma de México.

STOREY, Rebecca (1992) *Life and death in the ancient city of Teotihuacan. A modern paleodemographic synthesis.* Tuscaloosa, Alabama University Press.

SUGIYAMA, Saburo (2004) The Moon Pyramid and the Planned City". Voyage to the Center of the Moon Pyramid: Recent Discoveries in Teotihuacan (edited by S. Sugiyama): 16-20. Arizona State University and INAH, Mexico City.

SUGIYAMA, Nawa; SUGIYAMA, Saburo; SARABIA, Alejandro (2013) "Inside the Sun Pyramid at Teotihuacan, Mexico: 2008-2011 Excavations and Preliminary Results". *Latin American Antiquity* 24(4): 403-432.

TOLSTOY, Paul (1958) *Surface Survey of the Northern Valley of Mexico; The Classic and Postclassic Periods.* Transactions of the American Philosophical Society, New Seriws, vol 48, part 5, Philadelfia.

VAILLANT, George C (1938) "A Correlation of Archaeological and Historical sequences in the Valley of Mexico". *American Anthropologist,* 40: 4, 535-573.

VIDARTE DE LINARES, Juan (1964) *Exploraciones arqueológicas en el Rancho de la Ventilla.* Archivo técnico Departamento de Monumentos Prehispánicos. Informe Mecanoscrito. INAH.

VEGA SOUZA, Constanza (1975) *Forma y Decoración de las vasijas de tradición azteca.* Colección Científica INAH.

VON WINNING, Hasso (1987) *La iconografía de Teotihuacan: los dioses y los signos.* Instituto de Investigaciones Estéticas, 2 vols. UNAM. México.

www.ingramcontent.com/pod-product-compliance
Ingram Content Group UK Ltd.
Pitfield, Milton Keynes, MK11 3LW, UK
UKHW061212180426
11947UKWH00029B/2015